寶貝你的純種貓
貓奴一定要知道
專業配育**20**品種飼養指南

Découvrir les chats de race

巴黎貓達人 布里姬特◎著

羅偉貞◎譯

目次

7　前言

8　■ 純種貓的特點

10　純種貓的定義

18　純種貓的優點

22　購買純種貓時的注意事項

28　貓展

34　■ 品種介紹

36　阿比西尼亞貓

40　美國捲耳貓

44　土耳其安哥拉貓

48　孟加拉貓

52　俄羅斯藍貓

56　英國短毛貓

60　緬甸貓

64　沙特爾貓

68　挪威森林貓

74　得文捲毛貓

78　歐洲貓

82　緬因貓

86　東方貓

90　波斯貓

96　布偶貓

100　緬甸聖貓（伯曼貓）

104　蘇格蘭摺耳貓

108　暹羅貓

112　索馬利貓

116　加拿大無毛貓

122　名詞釋義

124　索引

前言

　　有那麼多流浪貓待人收養，我們卻還飼養純種貓，這可不是一時任性，而是出於真心熱愛。融合了優雅、智慧和貓式氣質的純種貓，每一種都有牠獨特的迷人之處和個性，像沙特爾貓很溫柔、加拿大無毛貓很古怪、緬甸聖貓很有格調……牠們和人類實在是天作之合！

　　純種貓其實是人們刻意挑選育種的結果，所以，一出生便很習慣人的撫摸，絲毫不怕人。有什麼好畏懼的呢？牠們從來不曾遭人驅趕過，像那些勇敢的流浪貓時常得面對的一樣；也從來不須自己覓食，一切都有主人張羅；從餵食、理毛到安排生活，我們跟牠的情誼也從中油然而生。

　　每隻貓的個性迥異，再加上牠們與生俱來的那份神秘感，因此，每位飼主與他／她的純種貓的奇遇都不盡相同。純種貓也不會是「獨來獨往的貓」，那不過是吉卜林（Rudyard Kipling）的書名罷了，牠們只要與人共處，很自然地就會感到愉悅。日復一日，純種貓讓我們覺得越來越不能沒有牠。

布里姬特·布拉爾·寇兒朵

7

第一章

純種貓的特點

純種貓的定義

阿比西尼亞、緬甸、沙特爾、科拉特、中國等國名、地名,皆為貓的品種名,全世界總計有六十餘種純種貓。牠們全是經由人們刻意挑選配種所培育出來的優良品種,這是個相當浩大的工程,也難怪純種貓會如此昂貴了。

其實各種純種貓的祖先都是雜種貓呢!當初就是一些富有冒險精神的雜種貓搭船到世界各地,才刻畫出遍布全球的純種貓分布圖,而且種類繁多,從加拿大無毛貓到波斯貓,令人歎為觀止。

品種標準

純種貓跟雜種貓的差異不僅在於外表,還有出身。經過數代繁殖所培育出來的純種貓是有血統證明的,也就是一份記載牠的身分和族譜的書面紀錄。

純種貓的外表一定得符合該品種被正式認定的標準。其實,這個標準也就是某個貓會的培育委員會對該品種所認定的完美樣貌,它對身體、眼睛、頭部和被毛等各部分都有詳細規定。因為是標準,條件自然嚴苛,連不足以獲得血統證明的各項缺陷也會一併列出。另外,還有總分為一百分的配分表,供貓賽評審評分時參考用(見第14頁)。

純種貓的外型並非偶發的結果,而是根據一套明確的標準特別塑造出來的,被毛也是。圖為一隻埃及貓。

品種標準的訂立

品種標準可能由不同貓會所訂定，例如：歐洲貓協聯盟（FIFe）、貓迷協會（CFA）或國際貓協（TICA）等。

貓展

如果貓咪取得血統證明，就有資格參加貓展，接受評審的賞評，甚至有機會贏得頭銜，成為國際冠軍。

如果你飼養的只是雜種貓卻也想參加貓展，可報名「家庭寵物組」。

貓的個性

雖然貓的個性並不納入各個貓會所訂定的品種標準裡，卻是很重要的項目，有時甚至是決定性因素。

在貓展中，貓如果不聽話或具有攻擊性，可能就會因此喪失拿到頭銜的資格。

被毛

有關被毛最典型的分類法就是依據毛的長度分成長毛、半長毛與短毛三類。

純種貓類別

長毛貓（1）	・波斯貓		
半長毛貓（22）	・美國截尾貓 ・美國捲耳長毛貓 ・土耳其安哥拉貓 ・峇里貓 ・日本截尾半長毛貓 ・英國半長毛貓 ・挪威森林貓 ・西伯利亞貓 ・威爾斯貓	・高地摺耳貓 ・挪邦半長毛貓 ・緬因貓 ・中國貓 ・尼比龍貓 ・皮西截尾半長毛貓 ・布偶貓 ・塞爾凱克捲毛長毛貓 ・緬甸聖貓（伯曼貓）	・索馬利貓 ・蒂法尼貓 ・土耳其梵貓 ・約克巧克力貓
短毛貓（38）	・阿比西尼亞貓 ・美國捲毛短毛貓 ・美國短毛貓 ・美國硬毛貓 ・孟加拉貓 ・日本截尾短毛貓 ・孟買貓 ・英國短毛貓 ・緬甸貓 ・波米拉貓 ・加州捲毛貓 ・加州閃亮貓 ・錫蘭貓	・沙特爾貓 ・歐洲貓 ・哈瓦那貓 ・科拉特貓 ・挪邦貓 ・曼島貓 ・埃及貓 ・曼赤肯貓 ・奧西貓 ・歐荷斯藍眼貓 ・東方短毛貓 ・柯尼斯捲毛貓 ・得文捲毛貓	・德國捲毛貓 ・塞爾凱克捲毛貓 ・俄羅斯藍貓 ・熱帶草原貓 ・蘇格蘭摺耳貓 ・暹羅貓 ・新加坡貓 ・雪鞋貓 ・加拿大無毛貓 ・俄國無毛貓 ・泰國貓 ・東奇尼貓

純種貓的照顧

純種貓平日的照顧很重要。

牠們的活動量較少,因此飲食不能過量。外頭的野貓得辛苦地四處覓食,牠們卻是舒服地待在家中,等著主人送上食物。

毛要定期梳理,若是像波斯貓那樣的長毛貓還得天天梳,更是麻煩。

● 長毛貓

波斯貓是唯一被法國純種貓血統管理協會(LOOF)認可的長毛貓,但牠們底下又分好幾個組別,如:單色、雜色、虎斑等。

● 半長毛貓

這類貓約有二十多種,牠們的模樣優雅高貴,例如:戴著純白手套的伯曼貓、綴有毛領圈與身著毛燈籠褲的挪威森林貓。

● 短毛貓

在這個類別裡約有三十多種貓,包括歐洲種和東方種的貓,被毛多樣。

外型

純種貓最特別之處首推外型,像臉可能為圓形或三角形,體型可能細長或結實等。

品種標準裡將體型共分成五種,體型描述包括了臉型(如歐洲貓臉是圓的,暹羅貓的臉則為三角形)、身形、眼睛顏色、尾巴尺寸(挪威森林貓的尾巴很大,曼島貓無尾)、被毛等細節。

毛色與花紋

品種標準裡也包含了毛色與花紋這兩項規定。

貓的毛色五花八門,有單色、雙色、雜色(玳瑁、煙灰、漸層)和銀色(如金吉拉貓)等。

至於花紋,則有重點色(暹羅貓)、虎斑(歐洲貓),而虎斑又分成斑點虎斑、大理石虎斑或魚骨狀虎斑等。

五種體型（資料來源：國際貓協）

種類	體型	品種
矮胖型	身體粗短健壯、肩膀和臀部寬大、頭大且圓、尾巴短	緬甸貓、威爾斯貓、異國短毛貓、曼島貓、波斯貓
半矮胖型	體型不算太長也不算太短	美國短毛貓、美國硬毛貓、孟買貓、英國短毛貓、挪威森林貓、科拉特貓、緬因貓、奧西貓、緬甸聖貓（伯曼貓）、蘇格蘭摺耳貓、土耳其梵貓
外來型	身體細長、臉呈楔形、骨架纖細、耳大	阿比西尼亞貓、土耳其安哥拉貓、日本截尾貓、俄羅斯藍貓、索馬利貓
半外來型	體型介於半矮胖型與外來型之間、骨架中等大小、臉呈楔形	美國捲耳貓、得文捲毛貓、哈瓦那棕貓、埃及貓、新加坡貓、加拿大無毛貓、東奇尼貓
東方型	身體細瘦修長、四肢細長、臉長且呈三角形、尾巴長	峇里貓、東方貓、柯尼斯捲毛貓、暹羅貓

毛色與花紋

顏色	描述	細項
單色	單一顏色	黑、藍、巧克力、灰、紅、乳黃、白
虎斑	魚骨般條紋	多層色、魚骨、斑點、標準、玳虎
重點色	毛尖呈深色（臉、耳朵、尾巴及腳等部位）	深褐色、海豹重點色、山貓重點色、玳瑁重點色、貂色
玳瑁	雙色混雜	玳瑁、藍色玳瑁
陰影	毛尖為一色，其餘為白色或淡色	金吉拉色、煙灰色
雜色	各種顏色與白色的組合	手套、雙色、玳瑁加白色

↑ 高貴又昂貴的波斯貓堪稱「貓中貴族」!

波斯貓的品種標準
歐洲貓協聯盟制訂

－臉型：尺寸從中等到大號不等,渾圓、結實、對稱,頭骨寬,額頭飽滿,雙頰圓鼓。

－體型：矮胖,腿短,袒露一片寬胸,肩、背肌肉結實。

－鼻子：短且寬,但非翹起的,止痕明顯。止痕應位於雙眼之間,並在上下眼瞼之間。鼻孔寬且開,以方便呼吸。下巴強壯,顎骨寬且有力。神情坦率可愛。

－四肢：短且強健。腳掌結實、寬大、渾圓,最好有趾間毛。

－耳朵：小,耳尖渾圓,內部多毛。耳位較低,兩耳間距有點開。

－尾巴：短且茂密,與體長成比例,尾尖稍圓。

－眼睛：大而圓,分得很開,表情生動。透澈閃亮,顏色與被毛搭配。

－被毛：長又密,質感細緻如絲(非羊毛質感)。毛領圈完整,覆蓋肩膀和前胸。

－頸部：短且有力。

－毛色：各種顏色都有。

以總分為一百分來計算,波斯貓的配分比例如下:
頭:30分
眼睛顏色:15分
體型:20分
被毛:30分
狀況:5分

純種貓簡史

從馴服野貓到品種培育，中間雖然只有一步，卻是個講求精確、漫長且枯燥的工作，繁殖者得在好幾代的貓中精挑細選，過程中又要避免不當配種或遺傳性疾病，才能培育出強健又各有特色的貓種。

● 一八七一年的貓展

世上的首次貓展於一八七一年在倫敦的水晶宮舉行。當時並非將貓依照品種分類，而是按等級分類的，所以總共有二十五個等級的貓（包括歐洲貓與波斯貓），呈現於觀眾面前。之後到了二十世紀初期，有十六個品種得到正式認可。

● 二十一世紀

目前世上約有六十餘種純種貓，若再加上還處於認可程序當中的新品種，則還要增加幾十種波斯貓和幾百種東方貓。

● 身世大不同

每種貓都有其原產地及歷史。有些貓的歷史才剛開始沒多久，而有的貓歷史悠久，還可從

◐ 正如其名所指，這有著一雙大耳和瘦頸的得文捲毛貓是於英國得文郡孕育出的。

古籍中得到證實。

例如，在土耳其首都安哥拉被發現的土耳其安哥拉貓就曾出現在布丰（Buffon）所著的《自然史》中。這種毛長且密的貓最初是由義大利探險家瓦勒（Pietro della Valle）於一六二○年帶回歐洲的，深受貴族喜愛。

此外，出自暹羅國（即今日的泰國）的暹羅貓，也曾出現在古籍《貓詩冊》中，此書目前珍藏於曼谷圖書館中。暹羅貓最先於英國竄紅，時為十八世紀，日後更聞名全球。

但有時貓的來源卻成為爭議點，例如，有些人認為，俄羅斯藍貓在十七世紀時是住在白海沿岸，爾後才被英國水手帶回家鄉，英國人為牠取了很多名字，如俄羅斯短毛貓、阿契安吉藍貓（以濱臨白海的港口阿契安吉為名）或異國藍貓；不過，也有資料指出，地中海地區才是孕育俄羅斯藍貓之處，這就是牠又名「馬爾他貓」或「西班牙藍貓」的原因。最後牠在一九三九年被正式命名為「俄羅斯藍貓」。

也大約在此同時，美國的繁殖者又培育出一種體態更為輕盈的藍貓，經過幾次配種後，「尼比龍貓」（為「霧中精靈」之義）於焉誕生，後於一九八七年得到國際貓協認可。

純種貓的**優點**

人們為純種貓著迷並不只因為牠美麗出眾。牠可以為我們帶來不同的快樂,因為每種純種貓的個性殊異,同屬波斯貓的金吉拉與單色波斯貓個性就截然不同。而且,純種貓能與主人心靈相通。

純種貓打從一出生就與一般小貓不同,牠是被繁殖者抱在手裡的。

純種貓是友善且健康的動物

繁殖者這個動作可以加速小貓社會化的過程,一旦牠習慣被人觸碰,就不會怕人。其實這個經驗

早在小貓出生前就已經體驗過了,因為繁殖者會撫摸懷孕母貓的肚子,讓胎兒感受到人的接觸。

野貓生於人煙稀少的偏僻場所,相反地,純種貓卻出生在繁殖者家中,不但聞得到家裡的各種氣味、聽得到人聲和四周其他聲音,還可能會碰見狗和小孩。小貓二至八週大

⬇ 純種貓自幼便接受完整且均衡的飲食。圖為挪威森林幼貓。

時正好是社會化時期，也就是學習融入同類和人類等其他生物的時期。

再者，純種貓的幼貓是缺乏自衛或覓食等本能的。

牠的飲食原則簡單，只要依據年齡及該品種的特殊營養需求身上吸收到很好的健康資本；母貓因為接種過疫苗，因此初乳內便含有抗體可以提供給小貓，這是野母貓無法做到的。而且，純種母貓在懷孕時因為心情輕鬆，吃得又好，生出來的小貓就不會有健康問題。

純種貓喜歡跟人在一起，不論是大人還是小孩。圖為挪威森林貓。

來餵食即可。身體有了養分才會發育，並長成該品種應有的模樣，也就是如同品種標準所描述的那樣。

建議你除了餵食乾飼料外，還要給貓不同種類的食物（如四季豆、肉類等），讓牠的口味可以廣泛些。

純種貓因為自小營養好，再加上斷奶時機正確，成長速度規律，因此有很好的起步。

此外，純種幼貓可以從母貓

純種貓是自信又感情豐富的動物

因為純種貓在售出之前已受過繁殖者的訓練和貓媽媽的教育，到了新家之後便會自己上廁所，也很有教養，因此，新主人

朋友

本來就喜歡親近人的純種貓，如果小時候又曾被繁殖者好好訓練的話，會是一個理想的生活伴侶。牠溫柔、愛撒嬌，又能為你分憂解勞。

便會心甘情願地照顧牠、教導牠並跟牠培養感情。

教導純種貓要比訓練野貓容易得多，後者的反抗心比較重，個性也較獨立。

純種貓因為一直跟人保持接觸，所以喜歡討好主人，而且年齡越大和主人的感情也越深，堪稱是最好的生活伴侶。

純種貓小時候就與小孩接觸過，因此對他們都很溫柔。牠會跟他們賽跑、遊戲，陪伴他們唸書、寫功課；對小孩而言，牠也是可以傾訴秘密和傷心事的好朋友；只要一邊撫摸著牠，一邊看著牠安慰的眼神，孩子的心情便得以平復。

特殊行為

就跟純種狗一樣，每種純種貓都有自己獨特的行徑，幾個常見的例子如下：

－波斯貓極為敏感，如果沒人理牠，就會獨自待在角落裡生悶氣。

－友善的歐洲貓雖然很愛主人，卻也喜愛跑出去玩，尤其是住鄉下或別墅的話。這種貓個性獨立，是鬼靈精一個，喜歡跟主人一塊去旅行。

－阿比西尼亞貓很好奇，什麼都想知道，最喜歡高高地待在

櫃子上監視一切。跟主人感情很深。

－索馬利貓一樣也對人類充滿好奇，主人的一舉一動都讓牠著迷。非常溫馴，怎麼摸牠都沒關係。

一挪威森林貓本來是野貓，一九三〇年前尚自由自在地生活在斯堪地那維亞的森林之中。雖然喜歡親近人，卻很喜歡找地方躲起來，好似以前躲在樹叢裡那樣。

純種貓的優點不只在於外型與被毛兩方面，牠還很有個性。圖為歐洲貓。

購買純種貓時的
注意事項

無 論你的純種貓是跟繁殖者購買的還是在貓展上買的，都馬虎不得。在購買之前，你一定要先問自己幾個問題：一隻貓至少可以活十五年，你是否已準備好要陪牠這麼久了？週末和放長假時要怎麼處置貓？

⊙ 見到惹人憐愛的小貓真的會讓人一時失去理智，不過，在買貓之前還是得三思。圖為三隻小孟買貓。

一旦下定決心，接下來要做的就是多了解你感興趣的貓種。

先詢問清楚

在貓展上，你可能受到某隻貓吸引而停下腳步，甚至衝動到想立刻買下牠。先冷靜一下，請花點時間認識一下貓的品種，然後了解貓本身的情況，例如：牠的直系血親、健康狀況、飲食問題、照顧方法、個性、價錢等。

儘管大方地跟繁殖者要求看小貓的父母，即使是照片也行，這樣你才能對小貓長大後的模樣有些概念。

純種小貓跟成貓的長相經常有很大的出入，幼貓瘦小毛稀，顏色也還不定，不是我們印象中成貓那美麗的模樣。

● 準備迎接牠的到來

　　貓來到家裡時，家裡應已備妥牠的日常用具，包括：吃飯喝水用的碗盤、足夠的飼料、睡墊、美容用具（毛刷、梳子等）和貓砂。

　　為了讓牠儘早習慣，任何細節都要先問清楚，像飲食方面就必須了解飼料品牌、餵食次數、何時開始增加份量等。原則上，飼料應該沿用原本的品牌，若非得改變，就要以漸進的方式進行，才不會擾亂小貓的腸胃。一直到滿一歲之前（對大部分的品種而言），牠都只能吃幼貓飼料。

賣方應提供的證明文件

　　純種貓買賣因涉及的交易金額不少，所以法國法律（一九八九年六月二十二日頒布）對交易成立之確認有所規定。繁殖業者依法要提供以下證明文件：

● 交易證明

　　此文件可以證明你所購買的貓是屬於你的，上面會載明你和繁殖者兩人的簽名、地址及小貓的品種、價錢及購買與交付日期。

● 貓的身分證明

　　此份證明載有貓隻的名字、性別、品種、年齡、顏色、主人資

⬆ 購買純種貓時一定要取得一些書面保證，務必要謹慎並依法行事。圖為波斯貓。

純種貓哪裡找？

如果認識貓會成員，透過他／她就可以知道貓展的訊息或繁殖業者的資料。另外，寵物雜誌裡一定也有繁殖業者的廣告。

料，以及植晶片或標耳號的獸醫姓名與地址，可證明貓的身分。

　　根據法國二〇〇一年七月十二日頒布的法令，貓的辨識方法有二：植晶片或標耳號（刺青標記），耳號會登記於中央資料庫，即全國貓隻登記資訊管理系統中。在法國，此證明是由法國全國獸醫工會（SNVEL）核發。

貓的晶片

碼數	涵義	內容
3	國家	法國：250
2	動物	貓：26
2	製造商	X
8	個別動物碼號	X

植晶片的好處

小貓一旦賣出後，就要為牠標耳號或植晶片以作為識別，這樣萬一貓咪走失時，才容易尋回。

晶片識別有多種好處：第一，由獸醫執行，只需要破壞一點皮膚組織而已，完全不需要麻醉。第二，植入的晶片（感應器）讓貓有了專屬號碼，別人篡改不了，要看也只能使用讀碼機讀取才行。第三，耳號久了會淡掉，晶片卻不會有這個問題。

而且植晶片也比較美觀，它不會像耳號會留下痕跡。刺青在耳內所留下的號碼墨跡實在不好看，尤其對參展貓而言！

到二〇一二年時，晶片會成歐洲唯一認可的寵物識別方式。

● 血統書

繁殖業者可以慢一點再提供血統書，這份文件裡交代了有關該隻貓的來歷，如：其父母資料及交配證明，還有前四代的祖源、貓名、出生日期、性別、品種名、被毛、眼睛顏色，以及其在法國純種貓血統管理協會中的註冊碼，這是自二〇〇一年一月一日起法國唯一具有評定貓血統資格的機構。

● 參考資料

有關該純種貓的特性與需求

你知道嗎？

小貓的年齡：根據法國一九九九年一月六日所頒布的法律，小於八週的幼貓是禁止轉讓或販賣的。建議你最好購買至少已兩個月大的小貓。

之詳細資料。

● 健康證明

小貓若是誕生於私人家中才需要健康証明，由獸醫開具。

除了上述文件外，還有疫苗接種手冊，這雖非必要，但建議你最好向繁殖者索取，行事嚴謹的繁殖場就會自動備妥，證明已替小貓完成驅蟲和初次預防注射。初次接種要在出生滿八週大後執行，以預防貓瘟、貓鼻氣管炎和披衣菌肺炎。另外，三個月大的小貓還須接受白血病檢驗。

法國法律禁止販賣不健康或身患絕症、傳染病的小貓，有四種疾病被認定為可取消交易的嚴重瑕疵，飼主必須在一定期限內辦理好交易取消手續。若經獸醫診斷證實貓咪患病，飼主可向業者提出民事訴訟並提交動物所在地附近的小型訴訟法庭審理，這樣法庭才能指定專家製作報告。

台灣行政院農委會於一九九九年頒布的「寵物登記管理辦法」中規定，飼主應於寵物出生日起四個月之內辦理寵物登記，登記機構受理申請後，應將寵物編號並懸掛寵物頸牌於頸項及植入晶片，再核發寵物登記證明，全國寵物登記資訊管理系統也於該年啟用。台灣一開始辦理寵物登記時，是採取十碼晶片，二〇〇八

年元旦起開放十五碼晶片使用，以後國人自國外輸入或攜入已植入十五碼晶片的貓咪，不須再植入十碼晶片。

純種貓的價格

要找到價格低於台幣一萬八千元的純種小貓很困難，而價格也會依品種而異。

原因之一在於某些品種的貓特別脆弱、特別難繁殖，因而罕見，所以昂貴。另一個原因是純種貓代表完美、絕對符合標準，因此可以參展爭奪頭銜，所以售價自然偏高。

若你只是單純想擁有一隻純種貓，並沒有讓牠參展的計畫，就乾脆選一隻外表稍有缺陷的純種貓，因為牠就算參展也不能獲得好成績，因此價格較低，你便可如願購得一隻純種貓。

交易取消

病名	提交診斷證明期限 *	提交小型訴訟法庭審理期限 *
貓瘟	5天	30天
傳染性腹膜炎	21天	30天
白血病毒引起的白血病	15天	30天
貓免疫不全病毒引起的貓愛滋	30天	30天

＊從拿到貓那天算起。

純種貓價格 ＊一覽表

品種名	寵物級	賽級
阿比西尼亞貓	500	620
美國捲耳貓	360	775
土耳其安哥拉貓	450	760
孟加拉貓	800	1500
俄羅斯藍貓	450	910
英國短毛貓	680	1200
緬甸貓	600	910
沙特爾貓	450	760
挪威森林貓	600	750
得文捲毛貓	530	910
歐洲貓	400	600
緬因貓	600	910
東方貓	450	1000
波斯貓	450	1500
布偶貓	700	1220
緬甸聖貓（伯曼貓）	450	910
蘇格蘭摺耳貓	750	1220
暹羅貓	800	1200
索馬利貓	450	760
加拿大無毛貓	800	1850

＊此為參考價格（單位：歐元）

純種貓若擁有血統書，就可以參展爭取冠軍頭銜（見第33頁），但先決條件是牠一定得符合每項品種標準。圖為沙特爾貓。

貓展

凡是擁有血統證明的純種貓都可以參展爭奪冠軍頭銜。牠的被毛要整齊美麗，模樣要驕傲神氣，健康狀況要非常良好……樣樣都要符合標準。但是擁有出眾的外型並不夠，牠還得在評審面前顯得和善親人才行。

● 唯有去一趟貓展才能體會到貓的品種繁多與評審審查的嚴格。

想要帶貓參展（在法國境內約有兩百場），得先了解一下規則。

參展資格

首先，你的貓必須符合參展條件，也就是得符合該品種的標準，沒有任何缺陷或畸形，健康狀況良好，體重正常。

參展貓隻得在法國純種貓血統管理協會註冊過；若是屬於實驗性培育的新品種，就只能參加新秀組的比賽，看是否能博得評

評審正用針梳替這隻波斯貓梳毛，一切優缺點都看在他眼裡。

審的好感。

若飼主屬於某個貓會，貓展報名單上有個地方可留下貓會戳記，這點雖然並非硬性規定，但留下戳記會比較好。

參展的貓至少要四個月大，並已接種過狂犬病疫苗、有標耳號或植晶片，也就是說，飼主一定要出示健康手冊、接種手冊及耳號卡等相關證明才能參展。

美容

要吸引裁判的目光，不是樣子能見人就夠了，貓的儀容和被毛都得完美無瑕才行。

參展貓的美容工作很耗費時間與功夫，同時也要看平常的保養是否完善，有沒有定期洗澡、梳理及驅蟲。

要維護被毛健康，自小就要固定為貓咪梳、刷毛，尤其是長毛貓及半長毛貓，否則打結可是很傷害毛質的。

美容時會跟貓有很多接觸，這其實是讓牠習慣被人觸碰的好方法，因為比賽時可是會被評審不停地摸來抱去的。

美容工具包括：可除去死毛與灰塵的密齒梳、針梳和作最後修飾用的毛刷。為長毛貓梳除打結則需要長齒梳。

另外，得定期幫貓洗澡，水溫以39℃為佳。要參加比賽的話，通常得在幾天前洗澡才行。

由於評審的眼睛很銳利，所以可別輕忽了基本的美容項目；耳、眼要乾淨，爪子要以貓指甲剪稍微修齊，牙齒應健康、無結石，尾巴下方也不能沾黏一絲髒東西。

而要讓被毛更出色，可借重一些動物專用亮毛用品來替毛色增豔，並增加蓬鬆效果。

設備

展示籠的尺寸通常為70（長）× 65（寬）× 65（高）公分，籠子上的名牌會註明貓的名字與編號。

參展得攜帶的東西包括：碟與碗各一只、貓食、一個裝滿貓砂的貓砂盆（砂要保持乾淨）、毛刷與梳子（作最後修飾用）和外出籠。

大日子

貓展通常都是在週末舉行。參展貓經過獸醫檢驗過，報名費也繳妥後，飼主就會拿到一個名

牌和一本大會手冊，手冊裡會有該屆所有參展貓的照片。接下來，貓咪就要於大小統一的展示籠中就定位，在裡面至少得待上一天。

比賽正式開始，依照性別與年齡組別，由工作人員和飼主把選手一一抱到評審面前接受審查：

－幼貓組：三到六個月大及六到十個月大的小貓。

－成貓組：十個月大以上之未絕育公、母貓。

－絕育貓組：十個月大以上之已絕育公、母貓。

－榮耀組：歐洲超級冠軍貓或超級冠軍絕育貓得主。

－新秀組：爲法國純種貓血統管理協會所認可、正在培育階段的新種貓。

－家庭寵物組：沒有血統證明、已絕育而且是十個月大以上的貓。審查項目包括：外表、儀態和動作。

純種貓只能在自己的組別裡競賽。選手會被放在一張桌子上，接受一位評審的檢視。審查項目包括外型、被毛品質、與人接觸時的反應、身體狀況等。評審會評分並給予「極優」、「優」或「佳」等評語，還會依組別授予頭銜證書（見第33頁）。

🔼 自小就與人親近的純種幼貓毫不遲疑地接受好奇小孩的撫摸。

跟貓要慢慢來喔！

參賽時，你的貓一定得乖乖地讓評審抱，不能哈氣也不能抓人。訓練雖然要持之以恆，但也要考慮到貓的感受，千萬別令牠感到很煩躁，以冤到了比賽那天成了兇貓一隻。

評審正和一隻加拿大無毛貓
面對面！

頭銜介紹

參展貓依組別接受審查後會拿到頭銜，累積一定數量的頭銜證書後就可以得到各種冠軍頭銜：

- **冠軍（CAC）**

需要三張「冠軍資格證書」，並由兩位以上的評審核發。

- **國際選美冠軍（CACIB）**

需要三張「國際選美資格證書」，而且三位評審都要不一樣，至少要有一張是在國外取得的。

- **國際超級冠軍（CAGCI）**

需要四張「國際超級冠軍資格證書」，必須由三位以上的評審核發，至少要有一張是在國外取得的。

- **歐洲冠軍（CACE）**

需要五張「歐洲冠軍資格證書」，得由四位以上的評審核發，至少要有兩張是在國外取得的。

- **歐洲超級冠軍（CAGCE）**

需要五張「歐洲超級冠軍資格證書」，得由五位以上的評審核發，至少要有三張是在國外取得的（至少包含兩個國家）。

倘若貓咪已絕育，Champion一字就換成Premior，即以上頭銜

各自為政

目前在法國約有五十幾個貓會，各自舉辦各自的貓展。有些貓會附屬於「法國貓聯盟」(Federation Feline Francaise, FFF)，而「法國貓聯盟」又從屬於「歐洲貓協聯盟」。其他貓會則是獨立的團體，還有一些是美國大型貓會如「貓迷協會」和「國際貓協」的分會。每個貓會的規章各不相同。

裡的C字通通換成P字（如CAP、CAPIB）。

獲得以上任何一種頭銜的貓就可參加榮耀組的競賽。

貓展最後會依據所有評審的分數來將所有的參賽者排名，這個排名可以方便終場時的選美賽選出不同獎項的得主，即優中之優（Best of best），當然還有該屆貓展的總冠軍：

－Best variety：最佳毛色冠軍或最佳品種冠軍

－Best in show：各組別、同齡貓或同性別貓中的總冠軍

－Best of best：Best in show獎項得主裡的總冠軍

－Supreme：Best of best獎項得主裡的超級總冠軍

你知道嗎？

「美國式」的貓賽：貓迷協會和國際貓協所舉辦的貓賽形式在歐洲很少見；貓咪們公開在一個賽圈裡由評審口頭評分，好像在「表演」那樣。可惜這種方式不能讓繁殖者與評審有對話的機會。

第二章

品種介紹

阿比西尼亞貓

這種貓其實原產於印度，並非阿比西尼亞。頸部的項鍊狀環紋加上一身光亮如波紋絲綢的被毛，優雅至極的牠看起來跟埃及神貓很像。外型纖細、眼神熠熠、體態輕盈。喜歡待在高處，常盤踞於櫃子上。是很機靈的貓。

活潑	
愛講話	
照顧：容易	
價格：$	

起源

長久以來，人們都以為這種貓來自阿比西尼亞（衣索比亞的古名），但其實它生於東南亞的印度洋岸邊。十九世紀時，一位在印度服役的英

國軍人羅伯特·內皮爾爵士把第一隻公貓帶回了歐洲，這隻貓名叫「祖拉」。

一八七一年，這種有著多層色被毛和金箔般眼睛的貓，在倫敦水晶宮所舉辦的第一屆貓展上造成一股旋風。

阿比西尼亞貓於一八八二年被英國人認可，恰好滿一個世紀後才又被歐洲貓協聯盟所接受。

後來人們將牠與英國短毛貓交配以改良品種並從此固定下來。這個品種的培育始於一九一〇年的美國，在法國則是自一九二七年起。

外型

身形細長（外來型，見第13頁），身體柔軟又健壯，彷彿雕刻品那般精美。有著長腿和橢圓形的小巧腳掌，走路時好像踮著腳尖似的，樣子十分優雅。

被毛細緻濃密，摸起來有彈性。牠的被毛特徵就是多層色，每根毛都由兩或三個色帶組成，深淺夾雜，最尾端是深色。只要摸摸牠就可以感受到那身毛的彈性，而且感覺底下是有起伏的，並不是平面的。

這種短毛貓身上的顏色多達三十幾種，基本色有微紅（暖棕）、藍、栗（紅銅）、淡褐，有些貓還多了銀色。但身體下方不能有多層色，胸部和腿內側則不能有條紋、陰影或環紋。被毛會有一部分的顏色是很均勻的。

那對斜斜的耳朵讓牠看起來像極了一頭小豹，耳裡跟山貓一樣有著飾毛。細緻的臉連接優雅的頸部，鼻子有弧度，額頭飽滿，其上有個M字。

杏仁形的眼睛是琥珀色的，表情十足。

小貓

阿比西尼亞小貓在五個月大時被毛會變色，十二個月大時毛色才固定。觀察貓掌上的肉墊就可以知道牠未來是什麼顏色；肉墊呈藍色，毛色會是深紫色；肉墊呈微紅色，毛色便會是黑色；有栗色肉墊，就會是巧克力色毛；淡褐色肉墊的貓則有亮粉紅毛色。

索馬利貓

如果對你而言，阿比西尼亞貓什麼都好，就是牠的短毛你不喜歡，那就選擇索馬利貓吧！這種美國貓其實就是半長毛版的阿比西尼亞貓。不過，你可要有耐心，因為這種小貓的毛色要等到兩歲時才會固定。牠的毛極細緻、濃密，摸起來很柔軟。而索馬利貓也跟阿比西尼亞貓一樣，跟主人感情非常好。

眼珠和牠的波紋綢被毛一樣會吸引光線，一
身毛如同野兔一般有多重顏色。

行為

對這種貓來說，住在房子裡就跟住在郊
外一樣自在快樂，牠照樣可以把體能發揮得
淋漓盡致，到處爬上爬下，傢俱、架子等什
麼都爬。

阿比西尼亞貓對一切都好奇，喜歡觀察
主人的一舉一動。我們常說這種貓是超級黏
人精，因為牠會大剌剌地躺在你正在看的報
紙上，當你在廚房忙時牠會在一旁待著，看
電視時會窩在你頸邊陪你。

這種貓不喜歡獨處，所以需要一個能隨
時照顧、侍候牠的主人。如果從小就養成習
慣的話，牠甚至可以讓你牽出門散步。

你知道嗎？

領土意識：阿比西尼亞貓的領土意識比其他的貓
還強。即使牠願意跟家裡其他動物分享空間，也
只限於廚房和飯廳而已，其他地方就甭談了，特
別是牠睡覺的地方附近。

但牠也知道有時要保持距離，這可是小孩做不到的。當阿比西尼亞貓陷入沉思的時候，什麼可都打擾不了牠，怎麼叫牠、摸牠都沒有用。

如果主人把這種好動的貓單獨留在家，或家裡地方過於狹小，或是沒有足夠的東西讓牠發洩過多的精力時，牠就可能會出現行為問題。

要多留意牠的腎臟健康，有些阿比西尼亞貓會有家族遺傳性的類澱粉沉著症，此為一種嚴重的腎臟病，第一個出現的徵兆就是飲水量暴增。還好繁殖者都清楚這個問題，不會讓患病的貓繁衍後代。

美容梳理

這種貓的毛很容易整理，一週只要梳、刷一次就夠了。還可以用麂皮來使被毛更為光亮。

39

美國捲耳貓

這種於二十世紀時才在美國出現的貓，有對非常引人注目的彎月形耳朵。分為長毛和短毛兩種，梳理容易，毛色多種。個性淘氣愛玩，非常喜歡與人親近，小孩子會很高興有牠作伴，不過，得記得教他們不要去玩貓的耳朵！

活潑	
愛講話	
照顧：容易	
價格：$	

起源

美國捲耳貓最早出現在一九八一年加州雷克伍市的一對繁殖者夫婦家。他們家裡有一隻半長毛的母黑貓名叫舒拉蜜斯，奇怪的是，這隻母貓的雙耳都是捲的，後來這項特徵也傳給了牠的小貓。

這些捲耳小貓每一隻都在一九八三年於棕櫚泉舉辦的貓展中奪得勝利。

而捲耳其實是自然發生的基因突變。

美國捲毛貓於一九八五年正式被國際貓協認可，一九九一年被貓迷協會認可。引進法國是一九八八年的事，隔年就有第一批小貓誕生。而英國則要等到一九九五年才見到美國捲耳貓。目前，在美國以外的地方很少有人繁殖這種貓。

外型

美國捲耳貓最特別的地方當然是那對形狀特殊的耳朵。兩耳的耳位很高，耳廓朝頭部中央外翻，所以耳尖是圓的，耳內覆滿長毛。

體重在3到5公斤之間，體型中等，介於中等型與瘦長型之間。體長正好是肩高的一倍半。

又細又滑的被毛有短毛與半長兩種長度，底層被毛並不茂密。尾巴尖端那撮毛的毛量特別多。按照品種標準的規定，牠的毛不能是亂蓬蓬的，也不可有毛領圈。

半長毛貓要比短毛貓受歡迎，任何顏色都被承認。

牠的腳又直又強健，中等大小的腳掌呈圓形。尾巴長度與身長相同，尾根粗，漸細，尾端有一撮圓頭、厚實的毛。

美國捲耳貓頭的長度要比寬度略大。直直的鼻子起於額頭，彎曲的幅度緩和。吻部既不尖也不方，以一個有力的下巴作結。

大大的眼睛呈核桃形，分得很開，顏色深且燦爛（有綠、藍、橘等），跟毛色不相關。

■
你知道嗎 ?

一切都跟基因有關：如果想要繁殖小貓，卻找不到兩隻美國捲耳貓的話，可選一隻耳朵正常的貓來配種。因為造成捲耳的是美國捲耳貓身上的一個顯性基因，只須有一方傳遞這個基因即可。

可變式耳朵

美國捲耳小貓出生時就跟普通小貓一樣，耳朵是直的，要等兩天後耳朵才開始彎成兩枚彎月！不過，彎度要固定至少還要再等四個月。

美國捲耳貓的耳朵有三種曲度，翻轉的角度介在90到180度之間：它們可以呈彎月狀（被認為是極品）、稍微彎曲或更彎一些。耳朵的軟骨摸起來是硬的，耳裡的飾毛就跟山貓的一樣，評審很喜歡這些飾毛。

行為

　　美國捲耳貓性情穩定，喜歡親近人，淘氣、活潑又愛玩。個性隨和，能和其他寵物相處，這種好動的貓正好跟總是又蹦又跳的狗兒一拍即合。

　　牠在家裡很快樂，尤其喜歡跟小孩一塊玩。

　　另外，視主人而定，有的貓可能會出現一種狗特有的行為，也就是會把東西啣來給主人，以求主人摸摸牠或跟牠一起玩，所以，家中請為牠準備各式玩具及讓牠把弄的物品。

　　這種貓也是收藏家，會把迴紋針、橡皮擦、筆等物品藏在特定地點。

　　如果家裡有花園可以讓牠出去玩的話，花園四周一定要有圍牆，因為這種貓根本不怎麼開口叫，呼喚牠時牠根本不會回應。

獸醫的建議

　　美國捲耳貓的耳朵底部摸起來是硬的，尖端是軟的，並不需要任何特別照護。

　　由於這個品種很新（見第40頁），當初又是於鄉下發展的，所以身體強健，擁有流浪貓的力氣和強健體質。

美容

美國捲耳貓很好照顧，一週只需刷、梳毛一次。如果要參展，要在比賽幾天前洗澡。

土耳其安哥拉貓

擁有一身白毛和澄澈眼眸的土耳其安哥拉貓是一種自然且古老的品種。牠的名字來自現今土耳其首都安卡拉的古名（安哥拉），那兒也是牠的故鄉。過去深受法國皇室的喜愛，今日在法國卻很少見。這種貓梳理容易，對於適應人們單純的生活也毫無困難。

活潑
情感内斂
照顧：容易
價格：$

起源

當初這種貓就是在土耳其安卡拉被發現的，之後於一六二〇年時被義大利探險家瓦勒帶回歐洲。因為牠深受歐洲貴族喜愛，而成了禮物或交換的物品。

十八世紀時這個品種變得非常稀有，為了區別沙特爾貓、家貓和土耳其安哥拉貓，瑞典自然學家卡爾・林奈（Carl von Linné）便給土耳其安哥拉貓起了拉丁學名*Cattus angorensis*。由於毛如此長又濃密的貓在當時很少見，覺得稀奇的布丰便在《自然史》中描述牠是：「從安哥拉來的純白長毛貓」。

十九世紀時波斯貓崛起，土耳其安哥拉貓因而失寵，還好美國的偉德女士讓這種貓不致消失。一九五九年，一對土耳其安哥拉貓「星星」和「小星星」身負重任，從土耳其到了美國。一九七〇年這種貓被美國貓迷協會認可，並於一九八八年被歐洲貓協聯盟認可。後來雖也獲得英國承認，但該國繁殖者重組此品種時，竟沒有以土耳其當地的貓來配種。在法國，這種美麗的貓雖然被法國純種貓血統管理協會認可，卻仍然罕見。

你知道嗎？

土耳其安哥拉貓和波斯貓：其實是前者把長毛的基因遺傳給後者，促成了後者的誕生。而後者卻因為生得太美麗，一鳴驚人，令前者差點於二次大戰後消失。幸好土耳其針對該品種進行保育政策，讓他國得以再度進口該貓，牠才免於絕種。

外型

這種優雅高貴的貓擁有一身輕盈、閃亮的絲質半長毛,頸部有毛領圈,後腿有毛馬褲,毛色一片純白。毛領圈和毛馬褲的毛較長,肚子下方的毛也是,還有些許起伏。

除了巧克力、淡紫、肉桂、淡褐色等顏色,以及重點色和緬甸貓色外,還有許多顏色和白色的組合是被承認的。目前以白色貓最受歡迎。

土耳其安哥拉貓的身體瘦長纖細,體重約在2.5到5公斤之間。雖然胸窄,但肩膀與臀部同寬,身材非常勻稱。

頸部、尾巴和四肢皆長且細,小巧的腳掌是圓的,邊緣冒出一撮撮趾間毛。

三角形的臉上有個筆直的長鼻子和稍圓的結實下巴。頭頂上兩個尖尖的大耳,耳裡有飾毛。一雙大眼為杏仁形,有點往上吊,顏色與毛色相關;白毛一定是藍眼,虎斑毛一定為琥珀色眼。

小貓

毛領圈從一歲起開始長出。如果眼睛變成綠色,牠的被毛若非白色,就是銀色或金色。有時候小貓會出現「發育遲緩」的問題,而一直吃母奶到六個月大。

45

行為

這種貓性情穩定，好動愛玩。如果有同類在旁邊，就會想辦法讓遊戲變得更好玩，或讓打鬥變得更刺激；牠們會偷襲、站立、跳、彈、衝，甚至跑到小孩床上去！

土耳其安哥拉貓甜美可人，需要能溫柔以待的主人。跟同類相處融洽；跟狗的話，只要從小就一起生活，便不成問題。牠活潑機靈，而且多話，能表達多種情緒：要求、抱怨……，完全能掌握其中的細微變化，而且叫聲溫柔。

適應新家對牠而言並非難事，也可以伴隨主人一起去旅行。

獸醫建議

這種貓因為是「自然」、野生的品種，所以很健康。

春季時脫毛量驚人，毛領圈和後腿的毛可以一下子不見，而風采盡失，容易讓人誤以為牠不正常。建議此時要餵食含有滋養被毛成分的營養補充品。

美容梳理

土耳其安哥拉貓的底層被毛不多，所以梳理容易，平常一週刷一次毛就夠了，脫毛期時才必須每天刷。如果牠要參加貓展，則必須在賽前一週洗澡。

孟加拉貓

看起來像頭小野獸又叫聲粗嘎的孟加拉貓，其祖先正是亞洲豹。被毛有豹紋與雪豹紋兩種，那身斑紋讓牠看起來更是野性十足。舉手投足間可以看出牠是個狩獵高手。身手矯健、喜歡爬上爬下的牠需要足夠大的空間。喜歡玩水。很愛主人。被毛不需要特別打理。

活潑
情感内斂
照顧：容易
價格：$$$

起源

一九六三年，美國有位繁殖者琴·撒格登為了要保存*Felis bengalensis*這個品種，決定讓一隻亞洲豹紋貓——也就是身上帶有豹紋的野貓——與一隻短毛美國母貓交配，生出的小母貓後來再與其父配種，得到的就是身上有斑紋的小孟加拉貓。

十年後，為了測試亞洲豹紋貓對貓白血病毒的抵抗力，在加州又進行了一連串的混種交配，終於得到一種比較不神經質而可以當寵物的家貓。

這個品種的第一隻貓名字叫做「米爾伍·寶貴」，於一九八三年在國際貓協註冊，也獲得歐洲貓協聯盟承認，但貓迷協會不予認可。引進法國則是一九九一年的事。今日這種體長、強健有力的貓受到很多人喜愛。

雜種交配

就是指兩個物種不同但相近（如馬跟驢）的動物之間的交配，也可引申成不同品種或不同型態的動物之間的交配。

孟加拉貓一身絢爛的大理石虎斑會在肩膀上出現蝴蝶翅膀紋，在腰部出現牡蠣形狀的玫瑰虎斑，背上則有寬條紋；這些花紋都是對稱的，實在優雅至極！牠也可能會穿豹紋裝，而斑點是巧克力色的。如果小貓眼睛一直是藍的，那牠就會是隻雪豹貓，也就是斑點呈黑色。

牠們的毛細短，摸起來厚實柔軟。被毛共有三種花紋：

－斑點虎斑：斑點的顏色為黑色、巧克力色或肉桂色，被毛底色為橘色。黑色條紋會出現在肩膀處，尾巴上有環紋，尾端為黑色。

－大理石虎斑：體側會出現類似牡蠣殼的大型花紋，肩上則有蝴蝶翅膀紋。

－雪豹紋：被毛為白色，斑點及斑紋的顏色從紅棕色到黑色都有，眼睛為藍色。

體型中型，身長、高且壯，重量約在5.5到9公斤之間。四肢強健，腳掌大又圓。

頭寬，呈橢圓形，顴骨高，吻部寬，上下顎大，連接長且粗的頸部。耳朵小，耳根卻寬，耳尖朝前，耳內有和山貓一樣的飾毛。一雙大眼呈橢圓形，除了藍色不被接受外，任何顏色都被接受（綠、黃等），惟獨雪豹紋的貓才能有藍眼。

小貓

孟加拉小貓的毛豎起來時，就不像豹而像刺蝟了。小貓必須等兩個月大後身上才會出現美麗的大理石虎斑紋。

行為

一九九一年才在法國出現的孟加拉貓屬於新一代的「野」貓,目前仍然罕見。雖然經過七代與家貓的交配,還是跟人類有些距離。跟同類相處得很好,對狗也和善,但野性就是比其他品種的貓還重。

孟加拉貓是狩獵老手,也是愛玩水的體操高手。行動敏捷、充滿活力的牠隨時都在遊戲,所以,家裡要有足夠的空間供牠活動才行,例如:花園、圍起來的露台等,而且裡面的布置得像大自然裡的環境一樣;或是為牠準備一個嬰兒浴盆,讓牠可以玩水玩個過癮。

你知道嗎?

要多摸牠:如果想要有隻親切可人、跟你很親密的孟加拉貓,趁牠還小時就多摸摸牠吧!

公貓會比母貓容易相處,後者因為太獨立了,比較有個性,情感表現會比較強烈。

儘管孟加拉貓仍帶有野性,牠們跟其他貓一樣是很友善的。可準備拋接式玩具來訓練牠驚人的敏捷度。另外,牠的叫聲並不大。

獸醫建議

孟加拉貓因為太過活潑、敏感又神經質，因此，當牠不高興的時候，就容易因為「心理壓力」而造成消化性問題（腹瀉、嘔吐）或皮膚問題（因過度舔舐特定部位）。

建議飼主別讓牠獨處太久，也要準備各式物品供牠發洩精力，如：玩具、貓樹等，並讓牠可以到花園裡去抓抓蝴蝶或老鼠。

牠的被毛只須偶爾刷一刷就可以了。

你的貓是第幾代？

你所飼養的孟加拉貓至少要是家貓與亞洲豹紋貓交配所生的第四代到第七代才行，這樣小貓才會像家貓一樣對你有感情。否則牠的野性會很重，養在家裡會造成很多麻煩，尤其對小孩而言。

俄羅斯藍貓

又名「藍天使貓」。這種貓個性溫和，對小孩特別好。牠的毛色——帶著銀色光澤的藍——是貓族中獨一無二的，這個顏色在牠的原產地俄羅斯是一種吉祥的顏色。對主人來說，這種貓簡直像天賜的一樣，因為牠那身毛不刷反而更亮！

安靜	
情感內斂	
照顧：容易	
價格：$$	

起源

一八九三年，一對名叫玲波波和尤拉的俄羅斯藍貓在英國大受歡迎，牠們來自白海的港口城市阿契安吉。

這種美麗的貓又有馬爾他貓、西班牙藍貓等別名，人們實在不知怎麼稱呼牠才好，最後索性叫牠「阿契安吉藍貓」。不過，牠的聲勢一直比不上另外兩種藍貓——英國短毛貓和沙特爾貓。

第二次世界大戰後，人們為了要保存這種品種，卻誤將牠與暹羅貓和英國短毛貓交配，導致這種斯拉夫貓失去原有的模樣。幸好在一九六〇年代擬出新的品種標準後，這種貓才得以復育成功。

現今這種貓在世界各地都廣受喜愛。

外型

俄羅斯藍貓有著優雅、流線型的身體，瘦且長，屬外來種（見第13頁）。牠的骨架細，但肌肉發達，體重在3到5.5公斤之間。

牠最主要的特徵就是那身絲質般的雙層被毛，顏色為純灰藍，帶有銀色光澤——英文稱之為「毛尖銀」。鼻子及嘴唇也是灰藍色，腳掌的肉墊則是深紫色，皆與被毛相關。毛短、濃且密，毛稍微豎起像絨毛娃娃那樣。雙層被毛柔滑，觸感如絲。底層被毛

小貓

小貓的眼睛會在一歲時由黃轉綠。另外，在八個月大之前，小貓身上是有斑紋的，這些斑紋有時要等四個月大後才會出現。

濃密，不過，縱然有這層毛絨絨、觸感好的底層被毛，牠還是怕冷。

四肢修長且細，連接四個橢圓形的小腳掌。

尾巴長度相當長，尾根粗，漸漸變細。

臉為楔形，鼻子筆直，吻部方正，下巴有力。橢圓形的雙眼分得很開，為綠色，炯炯有神。頸部長且細。兩隻大耳的皮膚細緻且呈透明，耳根很寬，耳尖朝前，末端稍圓。

行為

俄羅斯藍貓的個性就跟牠的毛一樣柔順，敏感安靜的牠很適合當寵物。可以跟小孩處得很好，如果孩子又是乖巧安靜的類型，牠會對他們非常溫柔。跟家裡其他寵物也能相處融洽。

因為個性平和，牠不喜歡爭吵混亂，那種靜謐如修道院般的氣氛最討牠的歡心。跟主人很親密。牠是喜歡獨居和思考的人的最佳良伴。

就算獨自在家，牠也是乖乖地獨自待在一個舒服溫暖的角落裡，等人回來親親抱抱牠。這種喜歡公寓生活的貓最需要的就是一位溫和的主人。

你知道嗎？

祥和的處所：你對自己上班時貓得單獨在家這件事感到愧疚嗎？如果你養的是俄羅斯藍貓就不用擔心了，牠因為怕吵鬧，只要有牠在的地方，那裡就會變得寧靜祥和了。

獸醫建議

雖然有著優雅高貴的外表，俄羅斯藍貓其實是一種野生貓，並沒有什麼特殊疾病。不但如此，還出了很多長壽貓，高齡十六、十八歲，甚至二十歲的都有！

藍毛若是有變黃的情形，不是因為牠上了年紀或缺乏毛皮保養，而是因為晒太多太陽和（或）缺乏微量元素的緣故。

若希望牠有閃閃動人的被毛，每兩週上一次光即可。

你知道嗎？

俄羅斯藍貓的親戚：在美國才看得到的尼比龍貓跟俄羅斯藍貓有著相同的品種標準，不過牠的雙層被毛更長，身上的灰藍色比較淡。其實俄羅斯藍貓還有另外兩個親戚：俄羅斯白貓和俄羅斯黑貓。俄羅斯藍貓與這三種貓的交配都是允許的。

英國短毛貓

牠有著粗壯的體型、毛茸茸的身體、鼓鼓的雙頰和圓圓的眼睛,而有著紅銅色眼睛的英國短毛貓,模樣就會跟沙特爾貓有點神似。不過,牠其實是歐洲貓的英國代表。這種貓的毛色多變,總共有一百二十種。牠個性獨立,是家裡的領導者,而且承襲了流浪貓的習性——酷愛打獵。

安靜
情感內斂
照顧:容易
價格:$$$

起源

　　這種外型渾圓的貓在一八七一年於倫敦水晶宮舉行的貓展上首次建立名聲,牠的父親其實是隻在倫敦鬧區裡閒晃的街貓,偶然間被英國科學家哈里遜‧威爾發現,驚為天人的他改變了牠的命運,牠後來成為貓展的常勝軍。

　　但沒想到,到了一九五〇年代,英國短毛貓竟面臨絕種的危機。在與東方貓及波斯

貓多次交配後，牠才又重新回到鎂光燈下。

一九七〇年，一隻叫做瑪莉·帕蘋的英國短毛貓成為所有愛貓人注目的焦點。差不多也是在此時，這種貓漂洋過海，踏上美國國土。

外型

英國短毛貓體型大，肌肉發達，非常健康，重約4到8公斤。屬於矮胖型身材的牠相當壯碩，胸、肩和臀皆寬，四肢短且粗，腳掌渾圓。尾巴短，尾根粗，長度是身長的三分之二，尾尖圓。

被毛濃且密，摸起來是毛茸茸的，不是沙特爾貓的羊毛觸感。毛短且柔，但摸起來扎實。底下還有另一層厚厚的被毛，質感密實且粗糙。毛色可說是應有盡有，如：乳黃、巧克力、藍、淡紫、深灰、重點色、金黃、金吉拉色等，甚至還有暹羅色，當然還包括玳瑁、斑點、虎斑、雙色等。

一顆又圓又大的頭，加上胖胖的腮幫子、渾厚的脖子和有力的下巴，牠簡直就像一隻大「玩具熊」。

耳朵為中等大小，耳根寬，耳尖是圓的，而且兩耳分得很開。

短而寬的鼻子直且微翹，讓表情更顯好奇與逗趣。

兩顆大眼渾圓，眼距寬，顏色和被毛相關，有藍、深橘、綠、藍綠或紅銅色（白貓雙眼不同色）。

行為

英國短毛貓喜歡與人在一起。乖巧又調皮的牠很喜歡小孩，特別是年紀較長的孩子，而孩子也會受這壞蛋和天使的綜合體所吸引。有著一身柔軟的毛、怪異的叫聲（是「央……」而非「喵……」！），還有好胃口，牠是個開朗有趣的夥伴。但聰明溫順的牠又是可以教的。

跟其他動物共處一室時，牠會是領導者，所以跟牠作伴的貓、狗最好是願意臣服

於牠的。不多話，性情平和，愛呼嚕，老是不疾不徐的，這隻全然英國作風的貓很愛撒嬌。坐擁舒適環境，生活規律，牠會確保家裡井然有序。個性柔順沉穩的牠，即使沒有花園能出去玩，待在公寓裡依舊怡然自得。

一到戶外，牠隨即顯露出優秀的獵人本性，捕抓蝴蝶、老鼠，什麼都來，活力十足，機靈得很。花園一定要有圍牆，否則這種個性獨立的貓很容易就玩到地盤外去了。

獸醫建議

　　這種圓滾滾的貓很容易發胖，倘若牠又是「沙發一族」的話。如果牠不太活動，飲食就要調整成低熱量的，切勿餵牠吃鮪魚和油漬沙丁魚！

　　不論目前的生活型態為何，也不管是住在城市還是鄉下，牠都有良好的體質，這是牠們那身為街貓和農場貓的祖先遺傳下來的。

美容梳理

平時偶爾給牠刷一下毛即可，因為英國短毛貓的毛不會打結。脫毛期則要每天刷。

緬甸貓

擁有金箔般眼睛和絲質被毛的牠是由東奇尼母貓所生。在牠於其他大陸大放異彩之前，一直是住在泰國。英國緬甸貓和美國緬甸貓的外型不同，但牠們都有一身華美的被毛，濃密又有光澤，顏色為褐色的漸層色，即紫貂色，還有藍色、巧克力色、淡紫色和玳瑁色，色澤燦爛美麗！

活潑	
愛講話	
照顧：容易	
價格：$$	

起源

緬甸貓的歷史始於一九三〇年，有位美國海軍心理醫師湯普遜要搭船返國，途經中國海時，決定從緬甸仰光把一隻全身棕毛的母貓一起帶走。這隻貓名叫王毛（音譯），牠其實是隻東奇尼貓，是緬甸貓與暹羅貓交配的結果。

之後，這隻東奇尼貓又與一隻蛋殼白的暹羅貓交配，生出的小貓有些是暹羅，有些是東奇尼，每隻都長得不一樣，其中長得像媽媽東奇尼貓的小貓就成為現代緬甸貓的祖先了。

後來，緬甸貓又促成了孟買貓（金眼的黑貓）、波米拉貓（綠眼的銀白色貓）、蒂法尼貓（長毛緬甸貓）和東奇尼貓（與暹羅交配所生）的誕生。

緬甸貓於一九三六年得到英國的認可，一九五三年被美國承認。不過，歐洲種的緬甸貓臉為楔形，而美國種的則是圓臉。

外型

英國緬甸貓既不像暹羅貓，也不像英國短毛貓。牠的長相優雅，屬於外來種，身材苗條。三角形臉大且圓，顴骨突出，上下顎寬。

美國緬甸貓則是中型身材，體格結實，骨架大，肌肉強健，體重約在3.5到6.5公斤之間。臉圓且寬，雙頰飽滿，吻部短，下巴圓而有力。

緬甸貓的毛短、細滑閃亮，緊貼著身體。被毛具有光澤，如綢緞般，幾乎無底層被毛。

這種臉部表情豐富的貓毛色多樣，例

繁殖

母貓九個月大時便進入青春期。緬甸貓的生殖力比其他貓更強，甚至一次可以生七胎！這種貓可以和孟買貓、東奇尼貓、波米拉貓和暹羅貓交配。

如：稀有的美麗紅褐色、同樣高貴的紫貂色和鴿頸灰，以及淡巧克力色和蜜褐色。臉部、腳部和尾巴的毛色都是深色的，背部和兩邊體側的毛色較淺，肚子的顏色則很淡。白斑或虎斑都不能出現。

耳根很寬，兩耳距離挺遠，朝前傾，耳尖為圓形，耳內有叢毛。

那雙神秘的大眼分得很開，顏色又深又亮，金黃色裡不能帶有一點綠。

尾巴長度中等，從尾根到尾尖會稍微變細。美國種的緬甸貓尾根很粗。

小貓

小貓在十週大時眼睛會從灰藍轉黃色。被毛的顏色要等兩個半月大時才會固定。

緬甸貓被認可的顏色

	紫貂色 (深褐色)	藍色 (銀灰色)	巧克力色	淡紫色 (泛灰的粉紅色)	紅色 (紅棕、杏桃色)	乳黃色
歐洲	是	是	是	是	是	否
美國	是	是	是	是	馬來貓	馬來貓
英國	是（褐色）	是	是	是	否	否

行為

這種貓討厭獨處，喜歡活潑的人，所以牠的主人要是會跟牠玩的，不論是大人或小孩。小孩子在打鬧嬉戲時，牠一定不會錯過。除了玩以外，牠也花很多時間在觀察監視。

牠的叫聲持續，聲音大，但沒有暹羅貓那麼粗嘎。

牠的個性很好，極為活潑。外向的牠跟同類在一起時很自在，會是領導者。很黏主人，老愛當小跟屁蟲，這就是有人會叫這種貓為「狗兒貓」的原因。要求有點多，喜歡主人對牠呵護備至、常抱牠疼牠。

在家裡，牠喜歡來去自如。在花園裡，緬甸貓也一樣自在。可以設個貓門方便牠自由進出。

獸醫建議

由於牠是短毛貓，又無底層被毛，所以怕冷。記得冬天時要讓牠待在暖爐旁，這樣牠才不會感冒。

緬甸貓看不見主人是會憂鬱的。所以，如果你是得外出上班的人，就再養隻貓跟牠作伴吧！

你知道嗎？

絨毛娃娃作伴：想養隻緬甸貓，卻擔心家裡沒有花園可以供牠發揮獵人本能嗎？那就多替牠準備幾個絨毛娃娃吧！牠很快就會把牠們當作攻擊對象。

沙特爾貓

這是品種最古老的貓之一。杜貝雷和柯蕾特（兩位皆為法國作家）都曾用文字讚美過這有著一雙紅銅色眼睛和一身老鼠灰毛的「法國貓」。那胖嘟嘟的雙頰、閃亮的被毛和渾圓的身軀，看了實在讓人心生歡喜，再加上牠乖巧安靜，毋怪乎沙特爾貓是最受歡迎的一種短毛貓。而且，這迷人的貓打獵技巧也很高明呢！

安靜	
情感內斂	
照顧：容易	
價格：$	

起源

這個古老品種可能誕生於伊朗、敘利亞和土耳其的山區裡，所以才會有那身厚毛。於一二五四年，牠被東征的十字軍帶回歐洲。曾經因為那身美麗的被毛而被捕殺。

這「法國貓」——十八世紀自然學者布丰給牠的稱號——其實是技術高超的狩獵

你知道嗎？

藍貓：沙特爾貓有三個短毛藍貓親戚，包括來自英國的英國藍貓、來自泰國的綠眼科拉特貓，以及因為來自俄國阿契安吉港所以又名「阿契安吉藍貓」的俄羅斯藍貓（見第52頁）。

者，就是這項本領讓牠在一五五八年被大沙特爾斯修道院的修士帶回院中飼養，也成為牠名字的由來。

自一九二〇年開始，這種貓開始享有盛名，這全是住在貝爾島（法莫爾比昂省）上的雷傑氏姐妹的功勞，是她們選用島上原生的藍灰色貓進行繁殖。

沙特爾貓的品種標準於一九三九年訂定。一九七〇年時，第一批沙特爾貓赴美，之後也獲得貓迷協會和國際貓協的認可。

外型

有著灰藍色被毛的沙特爾貓是貓族中的特例。牠的被毛又厚又密，底下那層羊毛般的被毛很保暖。色彩一致的被毛上沒有一點陰影或斑紋。從亮藍灰到深藍灰，牠身上的

亮藍色有好幾層變化。那深藍灰色的鼻子跟帶灰的粉紅色肉墊很搭配。

牠的身體就是力與壯的代表。在牠的毛皮大衣之下，可以看得出雄厚的寬肩和寬闊

的胸部。結實的四肢立在四個小圓腳掌上。尾根粗，尾尖圓。

臉呈梯形，也就是上窄下寬；下寬的原因是那兩個圓滾滾的雙頰。兩個尖尖的耳朵就像在梯形上再加兩個三角形。

炯炯有神的大眼睛不是金黃色就是深紅銅色，裡頭不能帶有一點綠色，顏色太淡也不行。

行為

沙特爾貓個性非常好，喜歡家庭生活，也喜愛跟小孩相處。敏感又懂事的牠會視孩子的年齡玩不同的遊戲。

牠是安靜力量的化身，性情平和又親切，和主人感情深厚。當牠因為呼嚕而半瞇起眼睛時，總讓人忍不住把手埋進牠那羊毛般的毛裡摸摸牠。但牠也是一隻獨立的貓，很有個性。

沙特爾貓喜歡安靜、舒服的環境；在暖烘烘的壁爐旁，牠會邊烤火邊呼嚕。

話不多、神態安詳的牠是個可靠的伴侶。不過，只要一看到窗外的鳥兒，原本窩在沙發上的大老爺又會立即回復貓的本色！

在花園裡，這個經驗老到的獵人總是在埋伏，伺機突擊獵物，只要看到在動的東西就會撲過去。儘管看起來像隻大泰迪熊，牠其實是很活潑的。

獸醫建議

沙特爾貓個性無憂無慮，所以會貪嘴，很容易發胖。為了不要讓牠過胖而危害到健康（尤其牠又是已結紮的公寓貓的話），建議餵食熱量低的飲食，油脂成分要低，但蛋白質和纖維要豐富。

挪威森林貓

又名「挪威貓」，最初是被維京人發現的。牠們身上那厚厚的毛領圈和後腿的厚毛可說是晴雨皆宜。這隻森林貓既會打獵又會捉魚，不過，儘管還保有在野外生活的能力，牠卻開始當起室內貓。個性溫柔的牠，對大人、小孩而言都會是好伴侶。

活潑	
愛講話	
照顧：容易	
價格：$$	

起源

西元第八世紀時，維京人從小亞細亞帶走這種貓，在他們的長船上飼養，牠的任務就是抓老鼠。後來，貓跟著他們一起回到北歐後，很快就適應該地區嚴峻的氣候。牠的被毛從此變得更厚，底層被毛也更多了。

到了十三世紀，這隻常在農場邊緣和森林裡遊蕩的貓又跟斯堪地那維亞的神話扯上關係；牠變成了「貓仙子」，替掌管愛情與豐饒的女神芙瑞亞（Freia）拉戰車。

將近一九三〇年時，挪威森林貓卻面臨消失的命運，當時牠們在森林裡四處流竄。挪威的繁殖者為了要保存這種有著一身美麗被毛的野貓，便著手進行選擇性培育。在二次大戰之前，所培育出的第一批貓參加了奧斯陸的貓展。一九七二年，挪威人訂定出挪威森林貓的品種標準。歐洲貓協聯盟在一九七七年承認這種品種；同一批貓於一九七九年到了德國和美國，又於一九八〇年時赴英，一九八二年赴法。品種標準於一九八七年做了修訂，以和緬因貓區別。今日牠在貓展中都是大獎得主。

你知道嗎？

充滿神秘的貓：體型碩大、步履輕盈，挪威森林貓就像是從斯堪地那維亞神話中走出來的一樣。據說因為牠太強壯了，連戰神托爾也抬不動牠。

外型

這種貓穿的可是真正的多衣;半長的毛大衣裡有著厚厚的、像羊毛般的內裡,最外層的毛光滑不透水。

毛長不一;肩膀處的毛較短,背上及體側的毛較長些。胸前有毛領圈,後腳有毛燈籠褲。毛色方面,除了重點色、巧克力色、淡紫色、肉桂色、淡褐色和緬甸貓色之外,其他顏色也都被認可。而白色部分不論多寡都被接受。

身體算相當長,結實且柔軟,四肢長而強健。大型貓可重達9公斤。

腳掌圓厚,趾間會竄出長長的叢毛,在雪地上就變成了雪鞋。

有帝王相的牠有一條蓬鬆大尾,甚至長可及頸,都可當圍巾使用了呢!尾根粗,漸漸變細,被毛雜亂。

愛狩獵的挪威森林貓有著長且開的寬耳,耳內毛豐,跟山貓一樣。

臉是等邊三角形,額頭到鼻尖應該是直的,看不出止痕。下巴有力且方正。

杏仁形的大眼稍微往上吊,任何顏色都被接受,而綠眼及黃眼屬「優良品種」。

小貓

想要欣賞你的挪威森林貓的美麗被毛得有點耐心,因為毛色要到四歲時才會固定。

行為

從原本的森林野貓變成家貓的牠，很喜歡成為家庭的一員。

跟主人的感情很好，有講不完的話。小孩是牠的最愛，因為唯有跟他們在一起的時候，牠才可以玩遊戲、盡情撒野。牠會四處跟著孩子們，洗澡時在旁等候，做功課時也陪著，而且隨時不忘發表意見；這種貓實在太愛講話了，牠會呼喚你、問問題、撒嬌、呼嚕……，什麼都會。

性情開朗，非常喜歡親近人，對家裡每個人都很友善，客人來訪時也會靠近打招呼並嗅聞對方。熱情又黏人的牠，只要聽到小孩哭泣就會立刻奔向前去，喵喵叫著表示安慰，然後在他／她懷裡坐下陪著。

不放過任何一個空間，閣樓、架上、櫃上全會被牠占領。常躲在櫃裡睡覺，讓人找不到。

這種有著野貓長相，也流著野貓血液的貓喜歡鄉村生活。牠需要空間大的地方，如果是住在公寓，能有個花園或露台會比較理想。在花園裡牠會玩樹枝、追逐蝴蝶、老鼠，上樹下樹都難不倒牠，靈活得像頭豹一樣。冬天時牠反而不怕冷，喜歡在雪裡行走。

你知道嗎？

公寓生活：這種體內流有野貓血液的貓需要空間可以遊戲、活動和攀爬。如果你是住在公寓的話，就為牠買個多層貓樹，並在陽台上或浴室裡放個嬰兒澡盆，牠會進去踩踩水，做出捕魚的樣子，或是在天熱時泡泡水涼快一下。

獸醫建議

牠跟緬因貓一樣都是巨型貓，很晚熟，要到四、五歲時才算成熟。必須持續兩年餵食促進生長的特殊飼料（如果是自製貓食，得添加促進生長的營養補充劑）。

身體非常健康，不怕淋雨、落雪、酷熱。這種會在河裡捉魚吃的貓經常使用前腳抓食物吃。

美容梳理

只要定期梳理、刷毛，那一身毛就不會打結。脫毛期間務必每天刷。尾巴只要稍微刷一刷，讓它看起來蓬鬆即可。

得文捲毛貓

在英國，這種貓又叫「貴賓貓」。牠全身上下無一不捲，甚至連睫毛和鬍鬚也不例外，實在引人注目。有著一雙蝙蝠大耳的牠可是很活潑的，動作敏捷，是非常調皮的貓，即使長大了還是會惹禍！

活潑	
情感內斂	
照顧：容易	
價格：$$	

起源

一九六〇年，英國得文郡的繁殖者貝洛‧考克斯在她的農場裡，發現了一隻長相奇特的貓，牠全身的毛都是捲曲的，看起來活像隻貴賓狗！滿心疑惑的考克斯讓牠再與一隻普通的母貓交配，所生出的小貓中有一隻全身是捲毛。這隻名為「捲捲」的貓在當時造成轟動。後來，捲捲又與柯尼斯捲毛貓交配，但卻生不出捲毛貓，人們這才發現兩種捲毛貓的捲毛突變基因不同，才又開始分辨有著蝙蝠耳和坦率眼神的得文捲毛貓與柯尼斯捲毛貓之間的異同。得文捲毛貓在一九六七年被歐洲貓協聯盟認可。一九七九年之前，牠都一直和生於康瓦耳郡、被毛與捲毛兔雷同的柯尼斯捲毛貓被混為一談。

外型

被毛有點雜亂的牠看起來好像一隻小貴賓狗。毛短且細,呈波浪型。有些貓的肚子上只有一層絨毛。所有的毛色和圖案或其中有無白色都是被認可的。

體型中等的得文捲毛貓重約2.5到4公斤之間。四肢細長但強健。尾巴長,尾根到尾尖漸漸變細。

小小的臉呈楔形,突出的顴骨讓臉型更加有稜有角。鬍鬚易斷。圓錐形的大耳尖端是圓的,耳根寬,耳位低。橢圓形的大眼會往上吊。眼睛明亮澄澈,顏色跟毛色相關。

你知道嗎？

塞爾凱克捲毛貓:牠是捲毛貓中毛最長的品種。其名是從出生地美國蒙大拿州附近的塞爾凱克山而來的。一九八七年,人們發現了一隻藍色、乳黃色、白色交雜的捲毛小母貓。牠的後代曾與一些純種貓如英國短毛貓、波斯、美國短毛貓和異國短毛貓交配。塞爾凱克捲毛貓的被毛又厚又柔,但每根毛卻不是捲的,而是扭曲的,漂亮的鬍鬚也一樣。小貓要到兩歲時才會長齊身上可以禦寒的三層毛(護毛、芒毛、底層毛)。

行為

非常活潑愛玩，是體操高手和耍寶專家，不過，牠們的康瓦耳親戚柯尼斯捲毛貓更勝一籌。這隻歡樂散播者是無法獨自在家等主人回來的，因為牠是一種很愛與人親近的貓，喜歡參與家裡的事；對其他動物的有趣活動也很感興趣。

親切、敏感、跟主人很親密（甚至被叫做「狗兒貓」），心裡只念著一件事：要依偎在主人的肩膀，不然佔據他／她的膝上也好。你可以牽著這種貓出去蹓躂蹓躂，牠會像隻小狗般地跟在主人後面走！

很多話，牠們的呼嚕雖輕柔，但一定讓你聽得到。不過，也有開口卻無聲的！牠們因為怕冷，早已適應公寓生活了。

獸醫建議

　　得文捲毛貓因為對氣溫敏感，所以公寓生活對牠而言比較適合。

　　耳朵的分泌物較多，要固定以動物用耳藥水幫牠清理。

　　若是貓摸起來毛少，又感覺油膩膩的，就要定期以貓專用洗毛劑幫牠洗澡。這是皮脂漏的症狀，會令牠容易罹患皮膚病。

　　這種貓有很長的一段時間為「痙攣」這種嚴重的先天性肌肉疾病所苦。後來經繁殖者嚴格把關篩選，病例已減少許多。

美容梳理

每兩週梳理一次就夠了。這種貓幾乎沒有脫毛期。毛生長的速度很慢，小貓要到六個月大時被毛才會出現該有的樣子。之後，毛會在四個月內長好，而非一年。

歐洲貓

原本是街貓的歐洲貓，自一九八三年起突然晉升為純種貓，被正式承認為「身上不帶有他種貓的血統」。不管是虎斑或斑點、單色或雙色，這種短毛貓一概身形壯碩。個性獨立的牠是打獵高手，非常機靈。

活潑	
愛講話	
照顧：容易	
價格：$	

起源

祖先可能是歐洲野貓或近東野貓的牠，曾經在中世紀經歷了一段特別艱難的時期；人們認為牠是魔鬼的使者，而將牠活活燒死，要不就成了盤中飧。

一九二五年，在一場英國愛貓協會的會議中，有位英國人提議應該比照暹羅貓或波斯貓來認可街貓。就這樣，這無品種的貓從醜小鴨變成天鵝，並有了「歐洲貓」之名。

歐洲貓協聯盟正式於一九八三年認可這種貓。

那些以「歐洲貓型」之名販賣的貓並非正統，真正的歐洲貓是有身分證明的。

你知道嗎？

競爭者：歐洲貓和家貓是不同的，也不可以把牠和牠的英國競爭者——英國短毛貓，或美國親戚——美國短毛貓混為一談。

外型

我們經常分不清歐洲貓與牠那沒有血統的親戚——街貓，其實牠並沒有那麼矮胖，身體也沒有那麼長。還有一個很重要的特點是，歐洲貓的頸部並沒有白斑。

牠一定是短毛，毛密且粗，底下還有一層薄薄的被毛。

歐洲貓的毛色多樣，單色貓很珍貴，主要毛色有黑色、白色和藍色，也有雙色被毛的歐洲貓。不被認可的是巧克力色、淡紫色、重點色及暹羅重點色。

體重約在3.5到7公斤之間，體型介於中型到大型之間。四肢結實有力，這是過去祖先經常在外流浪的結果。腳掌渾圓結實。尾根粗，漸漸變細，尾尖圓。

歐洲貓頭的長度略長於頭的寬度，臉形和前額都是圓形的，鼻子筆直，下巴圓而堅

實。雙頰胖嘟嘟的，讓牠看起來一臉調皮。

耳朵生得精巧，寬同高，雙耳間距很大，直立於頭上，中等大小，耳尖稍圓。有的貓耳內會有叢集毛，看起來很有野貓的味道。

一雙大眼圓溜溜的，分得很開，稍微往上吊。眼睛顏色與毛色搭配和諧，澄澈無比。

行為

這種貓適應力很強，聰明機靈，遇到任何問題都有辦法解決；牠知道抓著門把，門就會開了，打開水龍頭也難不倒牠，對牠而言天下並無難事！

精力旺盛的牠絕對不會無事可做，探險、攀爬、玩球是每天的功課。遊戲對牠而言是很自然的事。

歐洲貓大概是所有純種貓裡最喜歡親近人的。牠那旺盛的好奇心跟開放的態度與容忍精神有關。大家庭最適合牠了，主人年齡型態不拘，從老至幼皆宜。

極度依戀地盤，不過還是可以和同類或狗兒分享家裡的部分區域，尤其牠們又是一起長大的話。牠們需要很多藏身處可躲著休息。

這種貓想出去就會出去。為了方便牠自由進出花園，可裝設貓門。儘管個性如此獨立，牠還是跟主人很親密，最愛被主人撫摸了。

你知道嗎？

貓門：這種貓喜愛冒險，喜歡想出去玩的時候就能出去玩，所以，環境一定要能滿足牠那好鬥的天性能。為牠設個貓門，就可以讓牠來去自如，好去花園裡聞聞花、捕抓田鼠等等。如果你在腳邊發現一隻昏死的老鼠時可別驚訝，那是得意的牠向你獻上牠的戰利品呢！

獸醫建議

　　歐洲貓是出了名的健康寶寶。如果牠會出門的話，務必確定牠身上的疫苗是在有效期限內，並要定期為牠驅蟲、除蚤、除蝨。

　　如果沒有打算讓貓繁殖下一代，就讓牠接受結紮。天色暗了就千萬別讓貓在外逗留，因為在晚上最容易發生車禍和打架。

美容梳理

這種貓偶爾刷刷毛就夠了，但若是在脫毛期間，一週就要刷個兩、三次。刷完之後還要用梳子梳理，以去除死毛。

緬因貓

這種應該說長著鬃毛而非毛領圈的美國貓很喜歡舒服地窩在家裡，不過，對小孩非常有耐心的牠，最喜歡的還是去花園裡探險和在水盆裡游泳。不但是捕田鼠專家，牠還會下水捕魚呢！

活潑
愛講話
照顧：容易
價格：$$

起源

據說緬因貓是美東緬因州的一隻野貓與一隻浣熊的不倫結晶，事實上，牠是由一隻中東的安哥拉公貓和美國短毛母貓交配所生的。

緬因貓強壯、腿長，人們很快就發現牠是個狩獵高手。

牠第一次在貓展上亮相是於一八九五年紐約的麥迪遜廣場花園，當時牠奪得了超級總冠軍。牠在一九六七年獲得加拿大認可。貓展上，這隻緬因州的州貓總是眾人讚嘆的焦點。牠是最古老的美國貓種，與其他品種交配所生的貓是不被認可的。

外型

牠有著山貓耳和強而有力的上下顎，一身半長毛濃密，底層被毛柔軟，最外層的毛光滑、防水，摸起來有點油油的。被毛密，觸感如絲，可適應各種氣候。頭、肩和腳等部位的毛短，背上及體側的毛較長，後腳還穿著燈籠毛褲，肚子部位有長毛。

除了巧克力色、淡紫色、重點色、肉桂色和淡褐色不被認可之外，其他毛色皆被認可，包括：虎斑、單色、玳瑁、銀色、煙灰漸層和雜色。

這有著美麗獅鬃的貓還有一束羽狀長尾，毛量極多。尾根粗，漸漸變細。

整隻貓的體型非常合乎幾何造型：身體

為長方形，臉三角形，吻部為正方形。公貓的體重可達6到8公斤，母貓可達5公斤。

緬因貓體長，體型大又壯，四隻腳健壯

極靈活的貓：緬因貓的尾巴長度和頸根部到尾根的距離相同，所以光清理它就是個大工程！牠常會把尾巴捲到一隻前腳上，再以螺旋式的方向清潔。

這種貓會把前腳當手使用，動作極靈巧。爪子又長又彎，腳趾也比其他貓稍微長一些，因此牠擁有很好的抓取能力，可以拿起鉛筆、橡皮擦等很細的東西。

牠也可以用前腳從某處偷走一塊食物，再弄到地上慢慢享受。對身為一個優秀獵者的牠而言，盤子裡的肉可不只是一塊肉，牠會把它當成活的獵物，然後咬住拖到地上，將它「殺死」，再把它浸泡在水碗裡後才吃。另外，因為緬因貓在喝水前常喜歡把前腳放進碗裡浸一浸才喝，所以牠的水碗一定要經常洗。

有力，腳掌大且圓。趾間飾有厚厚的叢集毛，在雪上可以當滑雪板使用，到水裡就成蛙鞋。

楔形臉上有寬鼻、方吻、高且突出的顴骨和結實的下巴。分得很開的大眼稍微往上吊，顏色多種。一雙大耳的耳根寬，內部的毛長且細，呈水平方向生長。有著跟山貓一樣的耳尖毛。

小貓

小貓六個月大時，那美麗的羽狀尾巴已經長好了，但毛領圈還沒。此外，這是一種發育很慢的貓，要到五歲才算成貓。

行為

活潑、多話的牠個性獨立又果決。性情平和穩定，雖然喜歡親近人但也很強勢。這種黏人的「狗兒貓」很喜愛家庭生活，也會積極與家庭成員互動。對小孩的容忍度奇高，孩子們都喜歡把牠當獅子看。公貓愛耍寶，母貓則比較內斂。

■

你知道嗎？

家裡沒有花園怎麼辦：即便如此，還是可以飼養緬因貓，只要從小讓牠習慣戴胸背帶，然後牽牠去公園散步即可。

這隻獵田鼠高手喜歡那種空間大到走不完的地方，而且有一身華麗溫暖的毛皮大衣，冬天牠照樣出外去玩。如果自牠三個月大起就開始讓牠戴胸背帶的話，你可以牽著牠走很遠的路。

在家裡，牠喜歡幫物品換位置，會抓起鉛筆、橡皮擦之類的東西，然後拿去別的地方放。還很注重所處環境舒適與否。

對緬因貓而言，住鄉下要比關在公寓裡快樂得多，因為牠需要空間。另外，很會游泳的牠會喜歡有個水盆可以玩水。

獸醫建議

因為成長速度緩慢，再加上身形巨大，牠的關節會比較脆弱，要多留意牠的平衡狀況和走路的樣子，有任何疑問就去請教獸醫。同樣地，超重和營養不均衡也會影響骨骼發育，因此飲食務必要均衡，且符合其年齡所需。

有些家族的貓容易罹患擴張型心肌病變，這是一種嚴重的心臟疾病，必須每年接受心臟聽診檢查。

想要牠保有一身美麗的被毛，就要固定餵食富含必需脂肪酸、蛋氨酸、胱氨酸、維生素和微量元素的毛髮營養補充劑。

被毛每兩週梳理一次就夠了，因為牠的毛幾乎是不打結的。

東方貓

誕生於暹羅、身形酷似暹羅貓的牠，表面上看起來十分纖弱，但其實很結實健壯，而且行動敏捷。毛短，皆等長，毛色多樣，有四百多種。非常愛講話。在這隻有著翡翠碧眼的貓心目中，主人比什麼都重要。

活潑	
愛講話	
照顧：容易	
價格：$$$	

起源

東方貓來自亞洲是無庸置疑的，因為，在十七世紀的泰國文學作品《貓詩冊》裡，就提過這種毛色多樣的貓。

原產於泰國的牠在十九世紀去了英國。曾與暹羅貓、英國短毛貓和俄羅斯藍貓交配過，所以才會有這麼多花色。

東方貓在一九七六年正式獲得歐洲貓協聯盟的認可。

你知道嗎？

哪一個名稱才對：東方半長毛貓被歐洲貓協聯盟稱為「爪哇貓」，貓迷協會和國際貓協則稱牠為「中國貓」。

外型

我們很容易將牠和牠的親戚暹羅貓搞混，但兩者之間其實是有一些細微差異的；東方貓的被毛並沒有毛尖色（毛末端為深色），眼睛也不是寶石藍，而是翡翠綠或翠玉色，只有東方白貓才有藍眼。

東方貓苗條優雅，體型瘦長。細長的四肢和橢圓形的小腳掌讓牠看起來像隻小山羊，尤其是當牠躍上櫃頂的那一刹那。沒有垂腹，腹窄，臀高，臀和肩一樣窄，那種纖細度簡直像是雕刻出來的一樣。尾細長，整條尾巴粗細不變，到尾尖才變細。

一身柔細短毛平貼身體。東方貓的毛色比暹羅貓還要多種，從典型的暗沉色調如巧克力色到暖色系的肉桂色，還有高雅的巧克力色、銀白虎斑、閃亮的杏黃色，可謂應有盡有，單色計有：白色、黑色、淡紫色、紅棕色、乳黃色、肉桂色、巧克力牛奶色、淡褐色、焦糖色，還有雙色、玳瑁色、煙灰漸層色、銀色等不勝枚舉！

其中虎斑又分三種：大理石虎斑、魚骨虎斑和斑點虎斑。今日東方貓被認可的顏色估計有五十多種。

那張楔形臉長且窄，其上的鼻子也是，吻部秀氣。杏仁形的眼睛往上吊，眼睛大。頭上那對耳朵的耳位高且分得很開，真的有很多地方可以看出牠跟暹羅貓的關係。

行為

東方貓可說是隻「多面貓」，牠活潑，好動，好奇心重，情感外露，但脾氣好。對小孩溫柔，很黏人，對主人佔有欲強。牠跟大孩子處得很好，因為他們不只會跟牠玩，還懂得適可而止，牠想中場休息或退場時並不會勉強牠。喜歡成為目光焦點，也能立即吸引人的注意，因為那雙眼睛像有磁力似的，牠那慵懶的叫聲也沒人抗拒得了。牠的叫聲可以一下子從嘶啞轉尖銳，目的就是要跟你講話！不過，跟親戚暹羅貓比起來，牠的聲音算溫柔得多。

這種貓需要人的陪伴，不喜歡獨處太久。如果把牠單獨留在家太久，牠就會開始自己找樂子，在沙發上磨爪、把裝飾品通通掃到地上等，結果可是會令你後悔萬分的。有時這還會演變成病態性行為，對貓的身心都很不好。要解決這個問題，就再養隻貓或狗跟牠作伴即可。

東方貓喜愛戶外生活，爬樹（可以爬得很高）、爬牆、轉圈、跳高和追逐田鼠都是牠酷愛的活動。柔順的牠是可以被牽著出外散步或一起出門旅行的。

你知道嗎？

任性的貓：東方貓老是會特別偏愛家裡某個人，而且一旦被牠選上，就很難躲得了，牠會充分表達牠的愛意。感情外露、佔有欲又強的牠有時會很任性，如果沒讓牠參與家裡的事或冷落牠的話，牠可能會為此鬱鬱寡歡。

獸醫建議

　　因為未滿六個月大的小貓還很脆弱，所以要特別注意室溫和溼度的變化，並小心牠吹風著涼。為了維持牠那窈窕健美的身材，給這種好動的貓的食物必須含有豐富的蛋白質與適量脂質。

　　要特別注意牠的牙齒，因為這種貓容易罹患齒齦炎或有牙結石，因此，要留有飼料在餐碗裡讓貓隨時都可以吃，而且餵食品質優良的乾飼料會比濕飼料來得妥當。

　　有些年輕的東方貓可能是因為過度敏感的關係，會拼命舔、吸，甚至吞食羊毛材質的布料，這種行為通常會在滿一歲時自動消失。

　　牠的梳理很容易，每兩週刷一次毛就夠了。

母貓的性成熟

東方貓很早就性成熟了，母貓五、六個月大時就會發情，而且次數頻繁又間隔很短。發情中的母貓特別愛撒嬌，也很吵！

波斯貓

波斯貓因為誕生於氣候嚴峻的中亞，因此有著一身又厚又長的毛，長度可達12、13公分，而毛色有百來種變化。那身長毛務必得每天梳理。不過，這樣的麻煩是值得的，因為這安靜又友善的「貓中貴族」可以給我們帶來心靈上的平靜，堪稱室內貓的典範。

安靜
情感內斂
照顧：非常麻煩
價格：$ $ $

起源

波斯貓是探險家瓦勒於一六二〇年從波斯（現今的伊朗，安哥拉貓的發源地），帶回歐洲的，爾後為歐洲貴族所青睞。但波斯貓真正被人們認識是從十九世紀的英國開始；在一八七一年倫敦水晶宮舉行的第一屆貓展上，牠成了全場矚目的焦點。在此同時，英國的繁殖者著手進行波斯貓的選種與培育，今日才會有多達兩百多種的顏色與花色。

波斯貓體重介於3.5到7公斤之間，從頭到尾的組合和諧完美；體型矮短壯碩，腿強健，腳掌大而圓。尾巴短，尾巴毛長且濃密，呈羽狀。

頭既圓又大，額頭和雙頰飽滿，顴骨突出有力。耳小，耳尖圓，耳內多毛，讓牠看起來像個玩偶似的。鼻短且寬，有的會微翹。吻部短、寬，下巴強健有力。一雙大眼圓又開，澄澈明亮，跟被毛顏色相關，不是

紅銅色就是金橘色；但也有其他毛色與眼睛顏色的搭配，如金吉拉的眼睛是翡翠綠色，白波斯貓的眼睛是深藍色或陰陽眼（一眼深藍色，一眼紅銅色或深橘色），重點色貓則是從配種的暹羅貓那兒承襲了深藍色眼睛。

波斯貓的毛領圈和腿上的燈籠毛褲很厚。這種貓的毛長為貓族之最（平均毛長為10公分，毛領圈的毛可達20公分），毛色多樣，有單色、雜色、玳瑁、銀色、虎斑或重點色，總計約有兩百多種，例如：銀色、藍色、凱米爾漸層、肉桂色、金吉拉漸層、巧克力色、玳瑁色、淡褐色、淡紫色、淡紅色、黑色、橙色、白色，及大理石虎斑和斑點虎斑。

異國短毛貓

如果你喜歡波斯貓卻怕每天梳毛的麻煩，那就養隻異國短毛貓吧！這種短毛波斯就跟長毛版的一樣迷人，卻不會造成麻煩。理毛變得輕鬆極了，只要每半個月刷一次，你這隻客廳貓就會看起來很美了！

行為

這種客廳貓個性溫順又平和，很依戀主人，也很依戀舒適的家庭生活。牠會像隻狗兒似地到處跟著你，也非常注意你的動作和音調。牠很能接受家庭生活，什麼事情都要參與：生日宴會、有客人來吃飯的時候，儘管有那麼一點兒害羞。

這種個性鎮定冷靜、叫聲又小的貓最適合壓力大的人飼養。牠可以乖乖地在家等候主人一整天。許多年老退休的人也特別喜歡飼養這種長毛貓。

這溫柔又親切的貓可以耐得住寂寞，人數眾多的大家庭反而不適合牠，牠比較喜歡的是安靜的環境。

雖然是室內貓，牠也不討厭去陽台，甚至到花園裡。打獵畢竟是貓的天性，波斯貓也保有這個本能，牠可以連續監視獵物好幾小時。

每種波斯貓的個性各不相同，有人說黑波斯佔有慾強、個性倔強，白波斯喜歡親近人，藍色的個性很好，玳瑁色的活力十足，虎斑的調皮，至於跟暹羅交配而來的重點色貓也承襲到暹羅貓那活潑的個性。

獸醫建議

由於鼻短又扁，波斯貓的鼻淚管常會阻塞，而且眼睛常是淚汪汪的。

要避免結膜炎反覆復發，最好的方法就是每日清潔。清潔時請使用生理食鹽水或動物專用眼藥水。

波斯貓在舔毛時所吞下的長毛會在消化

道裡形成毛球，而容易引發嘔吐及便秘，所以，每個月可讓貓服用會促進毛球自然排出的藥，或餵食以石蠟為基底的化毛膏。另外，牠的食物也要富含纖維。

由於波斯貓的扁臉和方下巴不利咀嚼，因此容易造成牙結石堆積，請記得定期幫牠刷牙。市面上售有可以特別幫助波斯貓咀嚼的乾飼料。

美容梳理

長毛貓的梳理是很需要時間和耐心的。貓的脫毛期一年會有兩次，各在春、夏兩季。

為了防止打結，梳毛務必要仔細，而且要每天執行。因為波斯貓的毛很容易打結，有時又很難梳得開，所以每天一定要花五到十分鐘的時間來梳毛。梳毛時，請先用天然鬃刷逆毛刷一次，以除去死毛，再順毛刷肚子、頸部附近、腋下、腿後，以及背部，最後用梳子再輕柔地梳一次。如

果還有糾結的地方，就一絡絡地梳開，小心別拉扯到毛！

波斯貓必須每半個月洗一次澡，理想水溫是39℃，一定要使用專用的洗毛精。幫貓洗澡時要輕輕地把貓放入洗臉盆或嬰兒浴盆中，用蓮蓬頭以輕柔水勢將牠沖濕後，抹一些洗毛精到牠背上，再抹遍全身，腳也不要忘記洗。仔細沖洗乾淨後，先逆毛吹風，再順毛吹。

照顧上的建議

小貓在兩、三個月大時就可以開始定期幫牠洗澡，好讓牠早點適應。務必養成每天檢查你的波斯貓的習慣，因為這才是最好的預防方法。肛門處的毛可以放心修剪，因為那只會防礙牠小便而已。

有些波斯貓的繁殖者因為不想每天梳毛，以免過度拉扯被毛，便每星期幫貓洗一次澡。毛經過充分吹乾後，就會迅速生長，而且這樣的話，梳毛只需半個月一次即可。

布偶貓

布偶貓身上的毛是一綹綹的，還有著一雙湛藍眼睛，這種壯碩的貓其實是溫柔的化身，那軟綿綿的身體加上好脾氣，難怪人家要叫牠「布娃娃」，那也是牠名字的由來。牠可以乖乖地給人抱著，是小孩最好的朋友。

安靜	
情感內斂	
照顧：麻煩	
價格：$$$	

起源

　　傳說這種貓是由一隻曾遭遇車禍的白波斯母貓所生，而這窩小貓據說都沒有痛感，這似乎可以解釋為什麼這種被稱為「布娃娃」的巨型貓脾氣會那麼好。

　　其實，布偶貓是於一九六○年代左右，由一隻加州的白色長毛母貓「喬瑟芬」和一隻名叫「沃爾巴克斯老爹」的伯曼公貓交配

所生的。之後，人們就以各種波斯貓與伯曼貓交配來培育布偶貓。

　　布偶貓首先於一九七一年被美國認可，後於一九八七年被英國認可，目前這個品種在英國非常普遍。在澳洲，布偶貓也很受歡迎。法國的布偶貓俱樂部則是於一九九三年成立。

外型

　　布偶貓第一個吸引人目光的地方就是牠的肉感。結實、高大又壯碩的牠重約4.5到9公斤之間。胸部渾圓，臀與肩一樣寬，臀部多肉。走路的時候，毛茸茸的長尾會翹得高高的。四肢健壯，大大的腳掌又圓又結實，趾間有叢集毛竄出。

　　一身軟綿綿的毛為半長毛，密度中等。走路的時候，身上的毛會一綹一綹地飄動，像羽毛似的。

　　環繞頸部的毛特別長，像長著鬃毛一樣。胸部的毛又多又厚，讓牠看起來就像圍了條圍兜似的，也更突顯了那顆大頭、胖嘟嘟的雙頰和圓又結實的吻部。

牠那橢圓形的湛藍大眼微微地往上吊，跟白色、藍色、巧克力色或淡紫色等毛色很搭配。

布偶貓的毛色有十多種變化，主要可區分為三類花色：

－重點色，同暹羅貓：身體的顏色要比重點色的顏色淺些。

－手套：暹羅重點色，但四個腳掌為白毛。

－雙色：重點色加上臉部的顏色，臉上有白色倒V斑紋。腹部全白、無重點色的雙色布偶貓，如果又有白色腳掌的話，更屬優良品種。

小貓

布偶小貓被毛的長成是漸進式的：毛領圈約在四、五個月大時形成，那條漂亮尾巴是在八、九個月大時長成，被毛顏色則要等到四歲大時才會固定，體重也大約在此時固定下來。

行為

貓如其名，這種親切可人的貓需要的是隨時可以抱牠、親牠的溫柔型主人，牠最喜歡人家摸牠、哄牠了。

跟主人形影不離的牠如果換位置的話，也只是為了可以癱在主人肩上睡覺，不然就是在他／她膝上窩成一團。

小孩跟布偶貓在一起很安全，因為牠既溫柔又有耐心。不過倘若孩子還太小的話，就不要放任他太折磨貓。

這是一種居家型的貓，室內生活正好很適合牠。牠也很講求環境的舒適，常常可見到牠舒服地窩在客廳的軟墊上呼呼大睡。

牠也很愛玩，而且很特別的是，成貓照樣好玩，雖然不像小時候那麼瘋狂，但有時也是會在家裡突然狂奔起來的！不過話雖如此，成貓還是很收斂的。

你知道嗎？

個性平和的貓：要貓咪與狗兒或鳥類同住，常是不可能的任務，不然就是困難重重！不過，布偶貓平和的個性卻不會讓你有這種問題。根據繁殖者的說法，這種貓對打獵沒多大興趣，因此可以趁牠還小時讓牠習慣鳥兒的存在。

獸醫建議

有關布偶貓對疼痛沒有感覺的說法是完全錯誤的（請見96頁）。

為了幫助牠排出毛球，平常可以餵牠吃些貓草或化毛膏，脫毛時期更是需要。等級高的飼料纖維含量豐富，也會有幫助。

要隨時檢查牠的腳掌，以免趾間的叢集毛會卡到小石子或玻璃碎片等危險物品。

美容梳理

每週要梳毛兩次，並固定上光。建議每三個月洗一次澡，洗完澡後，胸前的毛要仔細吹乾。

緬甸聖貓（伯曼貓）

傳說這種貓在古代是神廟看守者，因而得名。外表威嚴並有著藍寶石色雙眼的牠跟暹羅貓有親戚關係，但白毛手套又是從波斯貓那兒遺傳來的。緬甸聖貓為半長毛貓。不管是在鄉下或是城市生活，優雅的牠都一樣自在快樂。

安靜
情感內斂
照顧：麻煩
價格：$$

起源

緬甸聖貓很晚才在歐洲出現，而且來源還是個謎。

有著藍眼睛、毛不太會打結的牠，是二〇年代法國尼斯一隻有白手套的暹羅公貓和一隻長毛母貓交配的結晶。但在緬甸的傳說中，牠卻是該國神廟的守護者。

其實，第一隻緬甸聖貓是外交官奧葛斯特‧派依與英國駐印度軍隊少校羅素‧葛登於一九一九年帶回的。這隻貓稍後又在尼斯出現，可能跟一位美國富翁有關。

牠首度在公眾面前亮相是於一九二六年舉行的國際貓展，在當時大受好評。

牠的名字倒是引發一些爭議；一九二五年被法國認可時，牠已經有三種名稱：伯曼貓、緬甸貓和緬甸聖貓。一九五〇年時，人們終於決定以「緬甸聖貓」作為牠的正式名字，不過，叫牠「伯曼貓」也是可以的。

法國首先確立牠的品種標準，後來牠於一九六六年獲得英國認可，隔年得到美國認可。

你知道嗎？

傳說：據說緬甸聖貓是神廟的守護者。一天，一位名叫「芒哈」的僧侶遭到泰國軍人攻擊，貓為了保護他，竟然變了身：毛先變成高貴的白色，也就是僧侶的髮色，接著，眼睛閃起了藍色光芒，就跟神廟女神的眼睛一樣。

外型

這種貓身體健康，體長且巨大結實，公貓甚至可達8公斤，看起來更是肥胖。四肢短而有力，圓圓的腳掌上戴著同樣尺寸的純白手套。尾根細，漸漸變粗，尾巴常常是翹起的。

被毛觸感如絲，臉及四肢的毛較短，領圈、背部、體側及尾巴等部位的毛則為半長或長，幾乎沒有底層被毛。

多了美麗毛領圈的緬甸聖貓跟暹羅貓有著相同花色；身體為蛋殼白色，背部為金褐色，身體末端（臉部、耳朵、腳及尾巴）為深色。

毛色計有象牙色、藍色、巧克力色、淺紫色、肉桂色、淡褐色等，也有虎斑和以上任一種顏色的組合。

臉上有顏色覆蓋，雙頰豐滿圓潤，額頭飽滿，下巴結實有力。頭上的小耳朵耳尖是圓的，稍微往前傾。那雙迷人的圓眼睛跟暹羅貓一樣是藍寶石色，但形狀及位置就有所不同了。

小貓

想要欣賞小貓美麗的毛色得有耐心，因為毛色要等到三歲時才會固定。

如果要選一隻賽級小貓的話，牠的手套一定得符合標準且是對稱的才行，但這得等到六個月大時才看得出來。

行為

緬甸聖貓擁有孕育牠的兩種貓的個性，有時乖巧得跟波斯貓一樣，有時活潑好玩猶如暹羅貓！

喜歡跟孩子們玩在一塊兒，但也喜歡家裡的寧靜時光。跟家人互動良好，對小孩溫柔親切，是性情穩定的貓，和家裡其他動物也能和平共處。

牠的主人最好是很疼愛牠的人，要能經常抱牠、哄牠。牠無法忍受被忽略或寂寞。

這種時而好動時而乖巧的貓是很喜歡家庭生活的。牠的叫聲小。

對這種優雅的巨型貓而言，住在城市或鄉下都很適合。只要主人一打開門，牠隨即就會露出獵人本性，不管外面只是陽台還是大花園，一樣可以玩得盡興。看牠忙著監視樹葉或捕捉老鼠時，都會讓人納悶：這樣的貓怎麼進了屋子裡又可以舒服慵懶地窩在沙發上呢？

獸醫建議

緬甸聖貓的健康情況良好，並沒有任何遺傳性缺陷。長毛貓容易有毛糞石（胃或腸裡的毛球）的問題，但只要固定為牠梳毛，並讓牠攝取高纖飲食、服用化毛膏或藥物（請詢問獸醫），即可避免這個問題。脫毛時期可餵食毛髮營養補充劑或啤酒酵母。

美容梳理

跟波斯貓比起來，緬甸聖貓的毛整理起來輕鬆多了：平常每兩週刷、梳一次即可，脫毛期間得每天梳理。特別要注意那些容易打結的地方：毛領圈、腋下和毛馬褲（後腿的毛）。

蘇格蘭摺耳貓

圓圓的頭加上一對往前翻摺的小耳朵,這隻在蘇格蘭誕生的貓很難叫人不注意地!還有那溫柔的眼神、酷似大型嬰兒娃娃的憨態和那身或短或半長的絨毛,實在惹人憐愛。動作輕柔、個性平和的牠很適合作為寵物。

安靜	
情感內斂	
照顧:容易	
價格:$$$	

起源

一九六一年,在蘇格蘭丹迪郡北部的一間農場裡,誕生了一隻摺耳小貓。農場主人威廉·羅斯很得意地向友人炫耀這隻叫為「蘇西」的小怪貓。更令人驚訝的是,蘇西日後產下的小貓中也有一隻跟牠一樣有摺耳,牠的名字叫作「斯努克絲」。這個奇異的特徵其實是偶發的基因突變結果。

身為貓界的「垂耳」代表,蘇格蘭摺耳貓的出現立刻引起轟動。人們後來拿牠與美國短毛貓和異國短毛貓交配,確立了品種。

蘇格蘭摺耳貓先後得到貓迷協會和國際貓協的認可,並且在美國獲得大獎。雖然這個品種的培育計畫始於一九八〇年的歐洲,但目前在那兒這種貓卻很少見。

外型

渾圓的蘇格蘭摺耳貓重約2到6公斤。屬於矮胖型身材，肌肉發達，很健康。四肢有力，漂亮的腳掌又圓又結實。尾巴約為身長的三分之二長，不能過短。尾根粗，漸漸變細，尾尖圓。

蘇格蘭摺耳貓的毛柔細有彈性，抱起來很舒服。不管是短毛還是半長毛，被毛都很厚而且濃密，摸起來毛茸茸的且有彈性。

毛色不勝枚舉，其中只有淡紫色、巧克力色和暹羅花色是不被認可的。頭型圓，雙頰圓鼓，額頭飽滿，吻部也是圓的。公貓可能會有頸垂肉，母貓在貓展中是不允許有頸垂肉的。鼻子又寬又短，吻部卻是圓的，下巴結實。兩顆大眼睛圓得像彈珠一樣，顏色與毛色相關。

蘇格蘭摺耳貓最主要的特徵當然就是那對耳朵，小小的、往前摺並下垂，分得很開，耳尖圓。

耳朵

蘇格蘭摺耳貓耳朵要等一個月大之後才會摺起。這個品種的小貓剛出生時耳朵其實是直立的，所以，那時無從得知小貓會是摺耳（一胎中只會有一隻是摺耳）或立耳。兩週大時，可以看到輕微的捲曲，三、四週時會更明顯，三個月大時便完全成型。

行為

蘇格蘭摺耳貓頭上那頂鴨舌帽讓牠看起來一副苦瓜臉的模樣，但其實不然，敏捷、靈活又充滿活力的牠可是非常活潑開朗的。

牠老想著要如何開發球或繩繫軟木塞的新玩法，跟小孩子玩更是每天的功課，所以，家裡玩具和各式供牠解悶的物品是不能少的。玩累之後牠會舒服地睡個覺，睡醒了繼續玩。不論是待在家裡或是遊樂場，牠都會很高興。

雖說這種貓喜歡公寓生活，牠也是會外出打獵的，但很少會殺死蝴蝶，因為牠是個和平主義者！

適應力很強的蘇格蘭摺耳貓可以成為一個大家庭的寵物，也可以做一個人的寵物。和小孩或其他動物都能相處融洽。

生活講求規律，個性親切友善，喜歡人撫摸。因為常常要人抱和關心，牠的主人一定要是關懷備至型的。個性沉穩、喜歡親近人、和善又安靜，很少叫，就算有話要說也極小聲。

高地摺耳貓——半長毛版的蘇格蘭摺耳貓

高地摺耳貓跟蘇格蘭摺耳貓的品種標準完全相同，只有毛長及毛的質感不一樣。這種半長毛的貓被毛一定要是濃密而豎起的。

高地摺耳貓的起源與蘇格蘭摺耳貓相同。就在蘇西（一九六一年在蘇格蘭發現的那隻摺耳小貓）的年代，繁殖者用波斯貓來配種以加入長毛基因，蘇西的後代便有了波斯血統，所以，高地摺耳貓等於是和蘇格蘭摺耳貓同時出生的。其實，

母貓蘇西和女兒斯努克絲都曾生出長毛小貓。

這種貓有著非常大的毛領圈、優雅的毛馬褲和一隻蓬鬆尾巴，看起來暖和又充滿貴氣。毛色除了巧克力色、淡紫色和暹羅花色不被認可之外，其他顏色均被認可。

牠的個性就跟牠的兄弟一樣平和，對同類也很友好。叫聲溫柔，在家裡很安靜。但需要人的陪伴，會撒嬌，喜歡跟孩子一起玩。

獸醫建議

絕對不要讓兩隻摺耳貓交配，否則，牠們生出來的小貓很可能會患有「骨營養不良症」，這是一種嚴重的關節病變，會讓四肢變得僵硬。

挑選小貓時，記得要檢查尾巴的靈活度，因為有些貓可能患有「先天性尾椎異常」（今日已少見），而導致行動不靈活。

牠的耳朵跟其他的貓一樣不需要特別的照顧。有關摺耳貓的耳朵特別容易感染寄生蟲的說法根本是錯誤的。

美容梳理

平常每兩週刷毛一次，脫毛期間要每天梳理，只要用針梳去除厚結即可。

暹羅貓

這是世界上最有名的貓種之一，叫聲粗嘎和多話為其特色。牠的身材呈流線型且步履輕盈，有著重點色的被毛大部分為淺色，滾著深色的邊，一雙眼睛如藍寶石般迷人至極。深愛主人的牠會像隻狗似地到處跟著你。

活潑
愛講話
照顧：容易
價格：$

起源

現今收藏在曼谷圖書館的《貓詩冊》一書中有暹羅貓的相關記載。正如其名所示，此貓來自暹羅國（即今日的泰國），工作為看管神廟，後於十四世紀離開祖國。

四百年後，英國駐曼谷領事歐文‧顧爾德爵士帶著一對名叫「佛」和「米亞」的貓跟他一起離開泰國。後來牠們曾於一八七一年參加倫敦水晶宮的貓展，還差點奪去英國短毛貓和波斯貓的寶座。

一八八三年，暹羅貓拿下了短毛組的冠軍。牠的品種標準是哈里遜‧威爾於一八八九年制訂的。但在每個國家裡，這種藍眼貓的外型或品種標準都不盡相同；英國的暹羅貓臉形為等邊三角形，美國的卻是等腰三角形。在二〇年代牠紅遍全世界。

你知道嗎？

大家族：暹羅貓、東方貓、峇里貓和爪哇貓通通都有著一樣的品種標準。舉東方貓的例子來說，半長毛的東方貓叫做中國貓，有羽狀尾巴；緬甸貓要比暹羅貓大；緬甸貓和暹羅貓交配所生的貓叫東奇尼貓；哈瓦那貓的毛色就帶有哈瓦那煙草般的溫暖顏色；喜馬拉雅貓是有著暹羅毛色的波斯貓；有著心形臉、可以帶來好運的銀藍色科拉特貓也有暹羅的血統。

外型

這種東方貓的體型細長苗條。被毛短，觸感如絲、閃亮、服貼，但不掩其細瘦。因為幾乎沒有底層被毛，所以牠怕冷。

暹羅貓身上那層絲質被毛有多種顏色，如象牙色、乳黃色、淺褐色等，但其特別之處在於身體末端的毛是有顏色的——牠是重點色貓。

其實這是重點色基因（Cs基因）突變的結果，讓被毛中的色素只出現在身體體溫較低的部分，也就是身體末端（耳朵、四肢、尾巴）。

臉部的毛尖也有顏色，這就是「面色」（Mask）一詞的由來。

暹羅貓的深藍色眼睛也是受重點色基因主導，這就是重點色和眼睛顏色這兩個特點總是相關的原因。

　此外，暹羅貓是唯一有藍眼的東方貓，其他顏色的眼睛一概不被承認。虎斑和玳瑁的重點色出現在臉上也很美。

　暹羅貓從頭到尾皆細長。管狀的身體健壯苗條，臀與肩一樣窄。

　有著極細的四肢，而且因為後肢比前肢還要長，牠走路就像在踩高蹺一樣。小巧的腳掌為橢圓形的。

　臉呈楔形，吻部尖長，頸細長。從側面看，會發現額頭中央到鼻尖以及從鼻尖到下巴都是直線。長鬍鬚的部位不能有鬚斷痕，也就是說，從下巴到耳根的線條一定要是直的。

　一對大耳的耳根寬且微微往前傾。杏仁形的眼睛為中等大小，稍微向鼻子的方向傾斜。

　將二十世紀前半期的暹羅貓跟現在的暹羅貓相比，會發現幾個相異之處：眼睛比較不那麼明亮，重點色沒那麼明顯，微胖的外型讓牠看起來一點也不像東方貓，反而跟歐洲貓比較相像。在當時，鬥雞眼、尾巴有結，甚至綠眼都是被認可的。

峇里貓

暹羅貓什麼都好，可是偏偏你就是喜歡半長毛貓，這樣就選擇峇里貓（在美國稱為爪哇貓）吧！這種貓看起來酷似暹羅貓，但被毛卻是半長毛的。

今日，經過選擇性培育後，牠的體型變得修長（但牠不可以過瘦！），臉轉為三角形，尾巴因為沒有打結而變得更長。此外，鬥雞眼的例子也少了些。

小貓

在挑選小貓時，可能會發現有些貓身上尚未出現重點色。初生的小暹羅被毛都還是白色的，要等到五個月大時那些特有的標記才會出現。

行為

「多陪我就對了！」這是暹羅貓給主人的箴言！這種室內貓自幼就怕孤獨，一定要在團體中長大。如果你非得出門一整天的話，別把牠單獨留在家裡。小孩和家庭生活牠都會很喜歡，和狗也能相處，不過和同類就不一定了。

你知道嗎？

愛講話的貓：短毛貓要比長毛貓愛講話，像暹羅貓、東方貓、緬甸貓和東奇尼貓都是這樣。牠們發出的聲音多達六十三種，有些專家甚至認為多達百種！

愛講話這種特徵不只跟品種有關，年齡、個性、教育和個別情況等因素都會造成影響。比如說，如果我們在呼喚牠或專心跟牠對話的時候，牠就會比較愛講話。

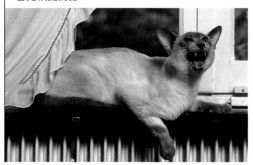

活潑好動，喜歡爬高探險，也喜歡玩掛在門把上的軟木塞繩。

這種貓喜歡舒適的環境，所以公寓生活很合牠的意。牠的活動分為兩大部分：一部分是自己的運動時間，另一部分是跟隨主人的行程，不管主人是在做家事，還是在煮飯、辦公，牠一定在旁陪著。這種喜歡與人親近的貓只要有人在旁邊就會很開心。牠還會發出聲音表示疑問、反駁，或純粹製造噪音，是貓族中最會表露感情的。

牠也是非常敏感的貓，會受家裡氣氛影響而變得快樂或不安，所以，牠的主人最好是開朗有活力的人。

因為牠愛講話、活潑又外向，所以這種貓也很適合作為老人家和個性膽怯的孩子的最佳談話對象。

對主人的佔有欲很強，會做任何事去取悅飼主。溫順的好脾氣，可以讓人牽著散步。帶著牠去渡假、上餐館、住飯店……做什麼都行，這是一隻可以在任何時刻陪著你的好伴侶。

暹羅母貓自五個月大起就會發情，而且次數頻繁（每十五天一次），還會變得很吵鬧，連在冬天也不太會中斷。如果沒有打算讓牠生小貓的話，不如帶牠去結紮（初次發情時就去）。但不要餵食避孕藥，長期服藥會有危險。

這種極為敏感的貓吃東西不會節制，會一直吃到噁心而嘔吐！解決方法就是給予低熱量、高蛋白的乾飼料，採任食制，讓這個貪吃鬼想吃的時候就可以去吃上幾口。

邏羅貓還會因為囫圇吞食、不咀嚼而有牙齒方面的問題（齒齦炎、牙結石和長膿包）。

這種貓特別長壽並不是傳說，有很多活到十八、二十歲的例子。

這種重點色貓還有個特點，當處在很冷的環境太久時，身上的毛色會加深。這種自然現象是毛中色素裡的酵素感溫反應的結果。

至於牠的被毛，一星期只要梳理一到兩次就夠了。

索馬利貓

這隻有著一條狐狸尾巴和多層色被毛的美國貓其實就是阿比西尼亞貓的長毛版。牠不僅跟牠的親戚借來外表,連活潑的個性和強烈的好奇心也一併借了過來。牠心裡只有主人一人,跟飼主的感情非常好。這隻好動的大狩獵家喜歡有院子的環境。

| 活潑 |
| 情感內斂 |
| 照顧:容易 |
| 價格:$ |

起源

第一隻索馬利貓是在一胎於美國誕生的短毛阿比西尼亞小貓裡被發現的。本來應該因為不符合品種標準而被忽視，卻因為長相特殊而勾起了人們的興趣。

一九六三年，一位加拿大的繁殖者瑪莉‧梅林跟貓展評審肯‧麥克吉爾開了一個玩笑，她把一隻長毛的阿比西尼亞貓放進了展示籠裡。這位評審簡直嚇了一大跳！後來他不但沒有歧視這隻擅闖者，還決定要收養牠。

一九六七年，美國繁殖者艾弗琳‧梅格成功地固定了這半長毛的特質。這個新品種首次參展是在美國，時間為一九七二年，於一九七八年獲得貓迷協會的認可。一九七九年，索馬利貓第一次到了法國，於一九八二年被歐洲貓協聯盟認可。

外型

阿比西尼亞貓和索馬利貓有著相同的骨架、體型及多層色。不過，後者的毛較濃密、柔軟且細緻。

一身毛皮大衣因為剪裁得宜，讓牠看起來非常優雅；臉上、四肢前端和肩上的毛是短的，背上、體側、胸部、腹部的毛則為半長，而喉部（牠有非常漂亮的毛領圈）和後肢後方的毛也較長。至於底層被毛就沒有很長。

此外，牠的腿看起來不太長，其實那是牠的毛馬褲造成的錯覺。

牠的被毛為多層色，也就是每根毛上有多種顏色，而且深淺夾雜（少則兩、三個色帶，多則八個），毛尖一定是深色。顏色之多要詳列出來實在很困難（見下表）。

牠的體格壯碩、背部微拱，四肢細長強健，走路時好似墊著腳尖一樣。體型中等，屬細長型，也就是說，牠的曲線是細長的。

索馬利貓的多層色

顏色	色帶	底色
淡紅	黑	杏黃
藍	藍灰	乳黃
栗 [(1)]	巧克力	杏黃
淡褐	深乳黃	杏黃
銀黑	黑	白
栗銀	巧克力	白
藍銀	藍	白

(1) 美國稱紅色

體重約在3.5到5.5公斤之間。

那條尾巴很難叫人不注意，不但很長，還老翹得高高的，毛濃密，眞的很像狐狸尾巴，所以，牠才會有「公寓裡的小狐狸」之稱。

三角形的臉線條卻很柔和。下巴有力厚實。耳大，耳根寬，耳尖渾圓，耳背上有時會出現「拇指痕」，這跟耳內叢集毛一樣，都是令人驚豔之處。

一雙大眼可能爲琥珀色、綠色或金色，配上黑色眼線。眼睛上方還有垂直的條紋，那是虎斑遺留的M字紋痕跡。

行為

索馬利貓雖然活潑好動，但程度不及阿比西尼亞貓，個性也比較溫順平和。該玩的時候很瘋，等玩累了，就會安靜休息。

好奇心重、頭腦很好，也很善於觀察。喜愛各種特技活動，跳躍、抓灰塵什麼都來。在家裡，常可見到牠盤踞在高高的架上或櫃上。

愛玩、喜歡小孩、同類和陌生人。和善、喜愛與人親近的索馬利貓會緊緊地跟著主人。

喜歡用咕嚕聲跟人溝通，從來不囉嗦。個性溫柔親切，很會撒嬌。一般認爲牠的佔有欲沒有阿比西尼亞貓那麼強。服從性很高的牠可以讓人牽著出去散步和旅行。

牠是個優秀的獵者，需要有個有圍牆的院子供牠盡情玩耍。無法忍受一整天被單獨關在公寓裡。

獸醫建議

這種貓沒有特有的健康問題。

會自己控制每日該攝取的飲食量，所以不會有體重問題。如果活潑好動的牠是住在室外的話，飲食所含的熱量一定要足夠。

如果牠是可以出門玩的貓，要確定牠所接種的疫苗都在有效期限內。

美容梳理

平常必須每兩週刷一次毛，脫毛時期則要每天梳理。

索馬利貓到夏天會掉很多毛，因此，那漂亮的毛領圈和後腿的毛馬褲會暫時消失。

加拿大無毛貓

身上有一層隱形絨毛，還有外星人似的臉蛋和檸檬狀的眼睛，這隻無毛貓彷彿是來自另一個星球似的！被牠那令人不安的眼神盯著的時候，聰明絕頂的牠彷彿可以猜透我們的心思。牠還很愛用狗吠般的叫聲發表長篇大論。跟主人很親密，喜歡公寓生活。

活潑	
愛講話	
照顧：容易	
價格：$$$$	

起源

早在前哥倫布時期的版畫裡就有這種貓的蹤影。

一九三八年，法國國立阿勒佛獸醫學院的列達教授發現有一對暹羅貓生出無毛小貓。後來到了一九六六年，在加拿大安大略省的一個農場裡，也誕生了一隻無毛小貓，其母親爲乳牛重點色貓，父不詳，從此美國繁殖者便開始進行選擇性培育。

加拿大無毛貓在一九八三年獲得國際貓協認可。這種貓極爲罕見。

外型

有著外星人臉蛋和蝙蝠耳朵的加拿大無毛貓，想讓人不注意都難！

牠跟其他貓最大的差異就在於無毛。雖說無毛，但其實身上還是有一層薄薄的絨毛，非常柔軟，摸起來觸感像麂皮。臉部、腳、尾巴和睪丸上則有一點點毛。頭和身體上的皮膚是皺的，好像鬆掉的襪子那樣。絲質般的身體觸感很好，就跟嬰兒肌膚一樣細嫩。

粉紅色加拿大無毛貓的光溜程度彷彿到了極致，但牠也有別種顏色，包括：很淡的重點色、深灰色或藍白色等，顏色好似印在皮膚上似的。

加拿大無毛貓的品種標準跟其他貓的可不一樣，一方面是因為牠無毛，另一方面是牠屬半外來型身材，有凸腹和經常彎曲的後腳。

這種貓的四肢長，腳趾也長，還長著又彎又長的爪子，腳底下有厚厚的肉墊。飼主要注意別讓牠的爪子長得過長，因為牠們常喜歡抓起東西來玩。

尾巴細，長度中等，尾尖可能有撮毛。

既沒有貓鬚，也沒有睫毛或眉毛，因此無法有溫柔的眼神。眼睛特別大，雙眼分得很開，朝耳朵方向吊，為檸檬形。

有稜有角的臉形狀接近三角形，顴骨突出，鼻子短，下巴有力，連接著細長、有弧度的頸子。

小貓

有著光溜溜的身體和外星人的臉蛋，加拿大無毛小貓既沒有睫毛也沒有眉毛。小貓一出生眼睛就是開著的，以貓這種動物來說，是非常罕見的。不過，和其他貓一樣，眼睛要等三週之後才能分辨形體與顏色。

這種貓很早熟，一出生就會用走的去找媽媽吃奶，而一般的小貓只用爬的。

斷奶後，牠就會開始在家中四處探險，膽子很大，連碰到大型犬也不怕。最好要時時盯著，因為這個性平和的小小冒險家可能會惹事，一旦打起架來一定會吃虧的。

行為

加拿大無毛貓活潑、靈敏和好奇心重，會融入主人的家庭生活；牠會觀察你的手勢、分析你的態度，還會把耳朵張得大大的，想要聽出你的語氣，試圖了解你在說些什麼。

負責地方安全事務的牠，有什麼事一定第一個出馬；當聽到有人按門鈴時，第一個出現在門口的一定是牠！如果有陌生人接近

主人的話，牠會像隻狗一樣地咆哮！

因為個性頑皮，小孩特別喜歡這種貓。

牠偏好的是活潑、果斷和威權型的主人，這並不奇怪，因為這種貓有部分跟狗兒很像。

個性很強的牠會習慣指揮家裡其他動物，包括狗在內。若是碰到性情溫順和善的狗（如查爾斯王獵犬和拉布拉多犬），還可以相處得來；但若是梗犬類（傑克羅素梗犬、西高地白梗）就會有問題了，因為牠們可不會被牽著鼻子走。

公寓生活很適合加拿大無毛貓。要注意天冷時不要帶牠出去，因為牠怕風。

獸醫建議

雖然加拿大無毛貓表面上一副很脆弱的樣子，但其實牠健康得很，在純種貓當中，牠的壽命算相當長的。

但這種貓會分泌很多耳屎，所以要固定以動物用耳藥水和棉花替牠清理耳道。

因為牠身上沒有毛可以分散皮脂，所以牠那油油的皮膚特別容易搔癢、發炎和感染酵母菌。建議飼主定期用特殊的低敏感性洗毛精幫牠洗澡，尤其是公貓和膚色淺的貓。

加拿大無毛貓很怕晒太陽，所以，在夏天時一定要留一塊有陰影的地方給牠，如果非得曝露於陽光下的話，就要為牠塗抹敏感性肌膚專用的高效防曬乳液。

美容梳理

加拿大無毛貓的皮膚很溫暖、摸起來油油的，還有點溼溼的，很容易髒。每天要拿濕的沐浴手套或鞣皮為牠擦拭身體，不僅可以去除灰塵髒污，還可促進牠的血液循環。

名詞釋義

多層色：每根毛上夾雜著深淺色帶（例：阿比西尼亞貓）。

斑塊虎斑：即大理石虎斑。

凱米爾花色：花色的一種，可能為金吉拉色、陰影或煙灰漸層，但毛尖為紅色或乳黃色。

貓迷協會：世界上最大的貓會組織。

金吉拉漸層：指全身銀白色，毛尖為黑色。

肉桂色：毛色的一種，即蜜色、紅棕色。

矮胖型（體型）：身材矮胖結實，胸寬，後腿毛豐厚，頭通常又大又圓，尾短。

毛領圈：指環繞頸部、又長又厚的毛。

項鍊狀環紋：環繞頸部的虎斑紋。

重點色：身體大部分為淺色被毛，一些部位（重點），如：臉部、耳朵、腳和尾巴的毛尖卻是深色的（例：暹羅貓）。

乳黃色：毛色之一，即淡灰褐色。

毛馬褲（又譯燈籠褲）：指後腿後方的毛。

楔形（臉型）：臉型的一種。

雙層被毛：底層被毛厚，外層被毛厚且長。

玳瑁：毛色為紅／黑或乳黃／藍（一定是母貓）的組合。

馬刺：緬甸聖貓及布偶貓腳後的白毛部分。

外來型：指骨架纖細、瘦長型的貓。

淡斑紋：幼貓身上的虎斑，會隨年紀漸長而消失。

淡褐色：毛色的一種，非常淡的灰褐色。

歐洲貓協聯盟：Fédération Internationale Féline, FIFe。

面斑：從額頭中央到鼻子的白斑。

鞭形尾：指細長的尾巴，從根部到尾端皆細。

煙灰漸層：指被毛大部分為深色，但毛根為白色或淡色。

白手套（花紋）：純白色的腳掌。

護毛：被毛中最外面的那層。

金黃色：毛色的一種。

喜馬拉雅貓：即有重點色的波斯貓。

陰陽眼：指雙眼顏色不同。

淡紫色：毛色的一種。

鏡框紋：在有面色的臉上，環繞眼睛的淺色紋。

山貓重點色（或虎斑重點色）：指被毛上的重點色有虎斑紋（例：暹羅貓和喜馬拉雅貓）。

魚骨虎斑：魚骨狀的條紋為深色，四肢和尾巴上有又細又密的環紋，肚子上有深色斑。

大理石虎斑：一些野生動物或野貓體側上會有的典型斑紋。

面色：指臉上顏色較深的部分。

貂色：指背上和重點色比較亮的毛色。

斑點虎斑：為虎斑的一種，斑點清晰，呈橢圓形，大小不一，遍布整身。

陰影漸層：只有毛尖有色，其餘部分為白色或淡色。

雜色：指毛色有兩種或兩種以上的顏色。

純種：指身上遺傳了祖先全部共有特徵的貓。

有彈性的：不易變形的。

捲毛：被毛的一種，毛呈波紋狀。

被毛描述：指某種動物的被毛特性，包含長度、質感和顏色。

海豹色：毛色的一種，即深棕色。

海豹重點色：重點色為深棕色的被毛。

半矮胖型（體型）：比矮胖型還要稍微長、瘦的身形。

半外來型（體型）：身形算細長，介於半矮胖型與外來型之間，骨架中等，楔形臉。

銀色：毛色的一種。

栗色：毛色的一種，即巧克力多層色。

底層被毛：在護毛底下，貼近身體的那層細絨毛。

品種標準：指所有可以定義某品種的外型及毛色的特徵總稱。

止痕：位於臉中央，前額到臉部間的部位。

虎斑：被毛的一種花紋，可能為條紋、大理石紋或斑點，花紋為深色，底色較淡。

國際貓協：The International Cat Association, TICA。

毛尖色：可依毛上顏色多寡分為金吉拉、陰影和煙灰漸層。

梵型花紋：雙色被毛，白色居多，有色部分僅限於身體末端（例：土耳其梵貓）。

種類：經過人們選擇性培育後，由同種貓內所變化出來的各種類型。

紫貂色：指緬甸貓的棕色毛色。

索引

（粗體字頁碼代表介紹該品種的專屬單元）

●三畫
土耳其安哥拉貓 11, 13, 16, 25, 44-47
土耳其梵貓 11, 13
大理石虎斑 123
山貓重點色 13, 123

●四畫
中國貓 11, 86, 108
手套 123
日本截尾貓 11, 13
止痕 123
毛尖色 123
毛色 12-13
毛馬褲（或燈籠褲） 122
毛領圈 122
爪哇貓 86, 108

●五畫
加州閃亮貓 11
加州捲毛貓 11
加拿大無毛貓 11, 13, 25, 116-119
北京狗臉貓 91
半外來型 13, 123
半長毛貓 11-12
半矮胖型 13, 123
外來型 13, 122
尼比龍貓 11, 16, 54
布偶貓 11, 25, 96-99
白手套花紋 13, 122
皮西截尾貓 11

●六畫
交易取消 24-25
交易證明 23
多層色 13, 122
有彈性的 123
耳號（刺青） 23

肉桂色 122
血統 24
西伯利亞貓 11

●七畫
伯曼貓 11, 13, 25, 100-103
沙特爾貓 11, 25, 64-67

●八畫
乳黃色 122
孟加拉貓 11, 25, 48-51
孟買貓 11, 13
底層被毛 123
東方貓 11, 13, 25, 86-89, 108, 110
東奇尼貓 11, 13, 108, 110
波米拉貓 11
波斯貓 11, 13, 14, 20, 25, 44, 90-95
法國純種貓血統管理協會 28
法國貓聯盟 33
社會化 18
花紋 12-13
虎斑 13, 123
虎斑重點色 122
金吉拉漸層 122
金黃色 122
長毛貓 11-12
阿比西尼亞貓 11, 13, 20, 25, 36-39

●九畫
俄國無毛貓 11
俄羅斯藍貓 11, 13, 16, 25, 52-55, 64
冠軍 33
品種標準 10-11, 14, 79, 123
哈瓦那貓 11, 13, 108
威爾斯貓 11, 13
柯尼斯捲毛貓 11, 13
玳虎 13
玳瑁 13, 122
疫苗 24
疫苗接種手冊 24
科拉特貓 11, 13, 64, 108
約克巧克力貓 11
美容 30
美國捲耳貓 11, 13, 25, 40-43
美國短毛貓 11, 13, 78

美國硬毛貓 11, 13
美國截尾貓 11
英國短毛貓 11, 13, 25, **56-59**, 78
重點 122
重點色 13, 122
面色 123
面斑 122
峇里貓 11, 13, 108, 109

●十畫
個性 20
埃及貓 11, 13
展示籠 30
挪邦貓 11
挪威森林貓 11, 13, 21, 25, **68-73**
梳子 30
栗色 123
泰國貓 11
海豹重點色 13, 123
索馬利貓 11, 13, 20, 25, 37, **112-115**
純種 123
純種貓的訓練教導 19-20
純種貓的起源 15-16
純種貓的飲食 19
純種貓的照顧 12
純種貓的價格 25
純種貓的優點 18-21
純種貓的購買 22-25
馬刺 122
高地摺耳貓 11, 107

●十一畫
健康狀況 19
參考資料 24
曼赤肯貓 11
曼島貓 11, 13, 15
國際超級冠軍 33
國際貓協 11, 33, 123
國際選美冠軍 33
得文捲毛貓 11, 13, 15, 25, **74-77**
捲毛 123
梵型花紋 123
淡斑紋 122
淡紫色 122
淡褐色 122

異國短毛貓 13, 91
被毛 12
被毛描述 123
陰陽眼 122
陰影漸層 13, 123
雪鞋貓 11
魚骨虎斑 123

●十二畫
凱米爾花色 122
喜馬拉雅貓 108, 122
斑塊虎斑 122
斑點虎斑 123
晶片 23-24
短毛貓 11-12
紫貂色 61, 123
貂色 123
項鍊狀環紋 122

●十三畫
塞爾凱克捲毛貓 11, 75
奧西貓 11, 13
感應器 24
新加坡貓 11, 13
楔形（臉型） 122
煙灰漸層 13, 122
矮胖型 13, 122
蒂法尼貓 11

●十四畫
種類 123
銀色 123

●十五畫
德國捲毛貓 11
歐洲冠軍 33
歐洲超級冠軍 33
歐洲貓 11, 20, 25, **78-81**
歐洲貓協聯盟 11, 33, 122
歐荷斯藍眼貓 11
熱帶草原貓 11
緬因貓 11, 13, 25, **82-85**
緬甸聖貓 11, 13, 25, **100-103**
緬甸貓 11, 13, 25, **60-63**
賣方應提供文件 23-24

●十六畫
暹羅貓 11, 13, 16, 25, 108-111
貓展 11, 15, 28-33
貓迷協會 11, 33, 122
貓隻身分證明 23
貓隻健康證明 24
錫蘭貓 11
頭銜 33

●十七畫
總冠軍 33

●十八畫
雜色 123
雜種交配 48
雙層被毛 122
鞭形尾 122

●十九畫
鏡框紋 122

●二十畫
嚴重缺陷 24
蘇格蘭摺耳貓 11, 13, 25, 104-107

●二十一畫
護毛 122

●二十三畫
體型 12-13